全国高等院校美术与设计专业精品课程系列教材

家具设计

主 编：崔闽清
副主编：田 勇 王润强

湖南人民出版社

图书在版编目（CIP）数据

家具设计 / 崔闽清主编. —长沙：湖南人民出版社，2015.5

全国高等院校美术与设计专业精品课程系列教材 / 贺丹晨，田勇主编

ISBN 978-7-5561-0469-7

I.①家… Ⅱ.①崔… Ⅲ.①家具－设计－高等学校－教材 Ⅳ.①TS664.01

中国版本图书馆CIP数据核字（2015）第040643号

家具设计

主　　编　崔闽清

副主编　　田　勇　王润强

责任编辑　文志雄

装帧设计　罗志义　舒琳媛

出版发行　湖南人民出版社［http://www.hnppp.com］

地　　址　长沙市营盘东路3号

邮　　编　410005

印　　刷　长沙超峰印刷有限公司

版　　次　2015年5月第1版

　　　　　2015年5月第1次印刷

开　　本　889mm × 1094mm　　1/16

印　　张　10.25

字　　数　294千字

书　　号　ISBN 978-7-5561-0469-7

定　　价　58.00元

营销电话：0731-82683348　　（如发现印装质量问题请与出版社调换）

《全国高等院校美术与设计专业精品课程系列教材》编委会

《家具设计》编委会

总 序

受湖南人民出版社之邀，我与田勇教授一道，精心组织全国高等院校一批中青年美术与设计专业的骨干教师，编写了这套适合于全国高等院校（包括本科院校、独立学院、高职高专等）美术与设计专业学生使用的《全国高等院校美术与设计专业精品课程系列教材》。这套教材是根据我国高等院校美术与设计专业的教学特点和要求编写而成的。相比同类教材而言，具有如下三个方面的特色：

一、入选条件比较严格。主要体现在：一是选题入选条件比较严格。当初，在策划这套教材选题时，为了区别于目前市场上多如牛毛的同类教材，我们就定位于"精品课程"系列教材。这就意味着这套教材的所有选题必须是教育部的精品课程，各省、市、自治区教育厅的精品课程，至少也要是全国各高等院校的精品课程。不是这三个系列的精品课程的选题是不能纳入该系列教材来出版的。我们第一期出版的所有教材，是严格按这一标准来遴选的。今后系列教材出版的所有品种，也都将严格按这一标准来遴选选题。这就确保了这套教材的品质是优秀的，是其他同类教材难以企及的。二是分册主编的入选条件比较严格。我们要求各分册主编必须是各高等院校美术与设计学院的正、副院长，美术与设计系的正、副主任，教研室的正、副主任，学科带头人，中青年骨干教师等。他们必须具有丰富的专业知识和教学经验，必须具有一定的科研能力和编写教材的经验，必须具有良好的精神风貌和工作态度。因此，本系列教材的分册主编是通过多种渠道层层遴选出来的，他们是一支特别优秀的作者队伍。

二、教材体系比较庞大。这主要包括：一是教材品种齐全。本系列教材，我们将在未来五年里与湖南人民出版社一道分期分批出版110余册，教材种类将涵盖中国画、油画、水彩画等各个画种及视觉传达、数码媒体、动画动漫、工业设计、展示设计、环艺设计、服装设计等各个设计门类，既有基础课教材，又有专业课教材，既有传统课教材，又有新门类课教材，体系完整，门类齐全，品种众多，覆盖面广。这是我们与湖南人民出版社联合的一次大策划、大动作、大手笔，是全国同类教材的一次集大成者。二是作者队伍庞大。为了扩大这套教材的影响和扩大这套教材的发行，丛书将暂设主编2人，副主编7人，丛书编委51人，丛书编委还将随着分册主编的增加而增加。各分册将设主编2人，副主编2至3人，编委若干人。最终参与这套教材编写的丛书主编、

副主编，分册主编、副主编等将达到500多人；丛书编委、各分册编委将达到2000多人。这既是一支庞大的作者队伍，也是一支庞大的征订、使用教材的队伍。有了这样一支队伍，不仅书稿质量有保证，而且教材的使用也有了保障。

三、教材品质比较优秀。这主要是指：一是编写的理念是比较新颖的。在策划选题时，我们所倡导的就是"大家来编书、大家来用书"的全新理念，大胆破除了"编书的不用书、用书的不编书"的传统做法。我们已把这一理念贯穿于策划选题的始终，我们也将把这一理念贯穿于教材编写和教材使用的始终。在编写过程中，我们坚持吸取已出版的中外同类教材和已发表的论文、作品的精华为自己所用，要使自己的教材是各类优秀成果的集大成之作。尤其是要把各种不同的观点吸收到自己的教材中来，并进行一些必要的对比分析，以帮助广大学生开阔视野和提高鉴赏能力。二是编写的方法是比较科学的。编写时注重理论联系实际。每种教材既有完整的理论体系和理论框架，又列举了大量的经典案例和生动材料，以帮助学生理解和把握教材的理论体系。编写时还注重学生的实际情况和实际需要。现在大部分高校美术与设计专业的学生，学习美术的时间短，基本功不扎实，这是不争的事实。因此，在教材编写过程中，我们特别注重教材的基础性和实用性，特别注重教材的简明扼要和通俗易懂，特别注重学生基础知识的教育和基本技能的训练。

综上所述，我们在教材编写过程中，充分体现了我国高等院校美术与设计专业教育的宗旨与目标，充分反映了我国美术与设计专业高等教育的多元化、基础化、专业化的特点，力争在教育中能让学生更多地接触到中西方优秀美术与设计作品及案例，以拓展学生在专业领域的学术视野，培养学生独立创作的能力和自主钻研、自觉探索艺术本质及文化内涵的精神。

罗丹说过："生活中不缺乏美，缺乏的是发现美的眼睛。"发现美的"火眼金睛"是必须经过广泛的知识涉猎和长期的科学的专业训练才能练就出来的。本系列教材便是训练未来美术与设计艺术家"火眼金睛"的经典教案。

我期盼中国美术与设计专业教育的百花园中，春意盎然，英才辈出！

贺丹晨

2011 年 8 月

序

进入新世纪以来，我国的家具行业在房地产业和城市化进程的强力推动下，形成了整个行业迅猛发展的好势头，我国也由家具生产和加工大国艰难而缓慢地向家具生产和研发大国的方向行进。能取得这些进步，家具设计和工程技术人员功不可没。但多年来家具设计教育不能很好地与全球化的市场需求衔接，以应试为先的被教育者，离真正全面理解家具文化本质的设计人才还有相当的差距。市场上的设计作品更多的是追求奢靡的风格和炫耀华丽的造型，新产品盲目模仿外国家具品牌。此种短期行为的"创新模式"为很多家具企业所津津乐道且乐此不疲。为什么会出现上述现象呢？答案即是对家具低成本制作的向往，没有将家具作为真正的精神文化类产品来看待，更缺乏应有的尊重和自重。自古以来，家具就是人们在日常各类空间中接触最为频繁的物品，家具可以伴随人的一生一世或目睹一个家族的兴衰。人们可以从中体味到家具的特殊功用和历史人文价值。家具还有一重要的属性：它既是一般的日常用品，也是特殊的空间产品；既可感触于手足，又能融于建筑。尽精微处可精细详尽，致广大则宽深广博，是天地万物追求和谐境界的一方媒介。所以，家具人才的培养应抓住艺术和技术这两头，一头是艺术养份的灌输沉淀，一头是物质技术的知识积累，坚持面要宽、专项精的培养原则。这些都是打基础的工程，只有基础宽广牢固，学生才有广阔的发展空间。若要认真地探究家具人才培养的路径，应着重强调教师的家具研究和设计实践知识储备，这是路径锁链上的重要一环，对于学生能力的增强是不可或缺的。

本教材由家具概述、中外家具发展简史、家具材料与结构、家具设计程序与表现形式、家具与人体工程学、家具造型设计基础、家具创新设计与方法七部分组成，所列作品图例本着设计亮点与艺术内涵并重的初衷进行遴选。在编写中，力求贴近家具设计及室内空间专业的需要，力争做到既有理论上的指导，又有实践方面的经验，试图使设计练习及方法与设计创新进行衔接，选用了多项家具原创设计案例，以期对读者有一定的启发作用。

本教材编写收笔之际，要特别感谢出版社编辑在书稿策划和写作中给予的帮助与建议。本书选编了国内外著名设计师、其他家具公司的产品及兄弟设计院校同仁、同学的作品，特此表达由衷的感谢。选编作品的出处在参考文献里均有注明，个别作品因资料不全未能详细注明，特此致歉，待修订时再补正。由于作者水平所限，书中遗漏之处在所难免，敬请广大读者提出宝贵意见，以期今后予以充实和提高。

崔闽清

2015年1月

目 录

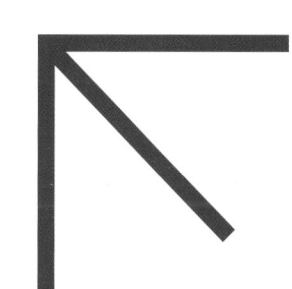

第一部分
家具概述

JIAJU GAISHU

一、家具概述

（一）家具的定义及发展历程

家具英文 furniture 的含义有家具、设备、可动的装置、陈设品等。家具是人类日常生活的必需品，是从事生产和社会活动必不可少的物质器具。家具的历史始终伴随着人类演进的历程，从中反映着不同时代的人类生活方式和生产力水平。从社会发展的角度看，家具除了是具有实用功能的物品外，它更是一种具有丰富文化形态的艺术品，融科学、技术、文化和艺术于一体。几千年来，家具的设计和建筑、雕塑、绘画等造型艺术的形式与风格的发展同步，并成为独有的器具形态，是人类文化艺术的一个重要部分，它对于考证人类历史和发展进程有独特的价值和作用。所以家具的发展进程不仅反映了人类物质文明的发展，也显示了人类精神和文化的进步（图1-1）。

图1-1 家具不同发展阶段反映了当时的社会文化发展水平

自工业革命以来，家具进入了工业化的发展轨道。在现代设计思想的引导下，摒弃了以往奢华的御用雕饰风，结束了木器大规模手工制作的历史，进入了机器生产的时代。现代家具充分运用科技进步及新材料的成果，将人类学、哲学、社会学、美学思想融入家具文化，紧紧跟随社会进步和文化艺术发展的脚步，在家具的内涵与外延空间上不断扩展，家具的功能更为多样，造型更趋完美，成为引领人类新的生活与工作方式的物质和文化形态（图1-2）。

图1-2 米兰家居展新型材料座椅设计

随着人类社会活动方式和生活方式的不断变革，新的家具不断产生，家具从久远的木器时代演变到金属时代、塑料时代、生态时代，从室内到室外，从家庭到城市，家具的设计与制造都是为了满足人们生活不断变化的需求，创造更美好、舒适、健康的生活及工作、娱乐、休闲方式。现代家具几乎涵盖了所有的环境产品、城市设施、家庭空间、公共空间。今后由于城镇化进程加快，必然会形成社会需求的多元化，随着家具领域科技的进步和材料的改进，人们在生活空间中更加看重家具的各种物质和精神功能，现代家具和家具设施还将会不断地介入城乡生活，家具在人们生活中的作用将愈加显著和重要。因此，家具的设计和创造具有无限生命力（图1-3）。

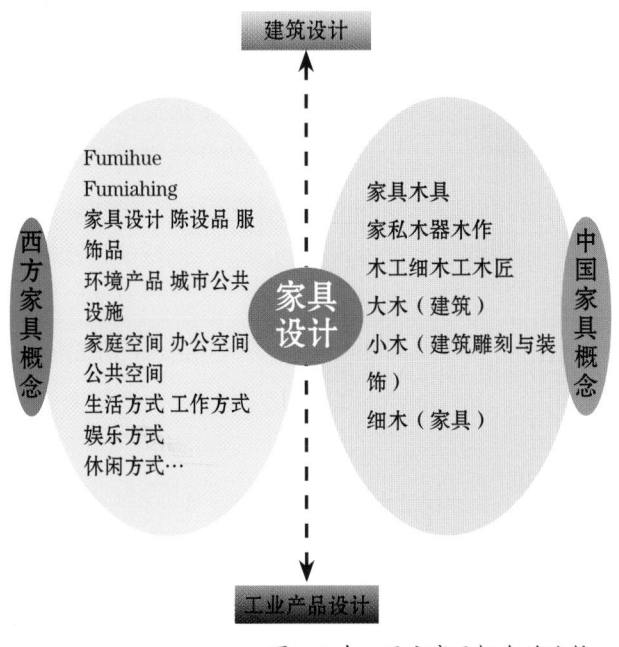

图1-3 东、西方家具概念的比较

（二）家具的特性

1. 不可或缺性

我们从大量的文化遗存中可以得知，形色多样的家具在古代不同年代已得到了广泛的使用，在现代社会中，家具更是无处不在。它与建筑一样，已经成为生存和生活的必需品。它的作用及不可或缺性贯穿于现代生活的衣食住行和工作、学习、科研、旅游及休闲等一切方面，如不同等级的宾馆家具、商业家具、现代办公家具、教育类型及住宅用家具等。它们都以不同的功能特性和文化语汇，满足着多类使用群体不同的生理和心理需求（图1-4）。

图1-4 家具是工作和生活不可或缺的必需品

2. 功能双重性

家具不仅是物质功能产品，而且是一种大众实用的艺术设计用具，它除了可满足实用的直接用途之外，还可使人产生和引发某些审美联想，起到供人欣赏和观赏的作用。家具在设计和制造过程中所涉及的领域极宽，如材料、工艺、设备、化工、电器、五金、塑料等技术领域，又与造型艺术设计理论及设计美学、行为心理学等社会学科密切相关。所以家具既是生产性的物质产品又是艺术性的作品，具有功能属性的两重性（图1-5）。

3. 社会性

历史上，一个国家和地区发展进步的标志性事件和物品很多，其中，家具是某一历史时期社会生产力水平和人文时尚发展的缩影。家具的设计和制作水平以及家具的普及程度，反映了某一历史时期的社会生活方式、社会物质文明的水平以及历史文化特性，也是这个时期生活方式及某种文化形态的反映。因而普通的家具浓缩、凝

图1-5 家具既是功能化的产品也是艺术作品

聚了丰富而深刻的社会意义（图1-6至图1-8）。

（三）家具与生活方式

生活方式是在诸多主客观条件下形成和发展的人们

图1-6 为居民服务的社区城市家具

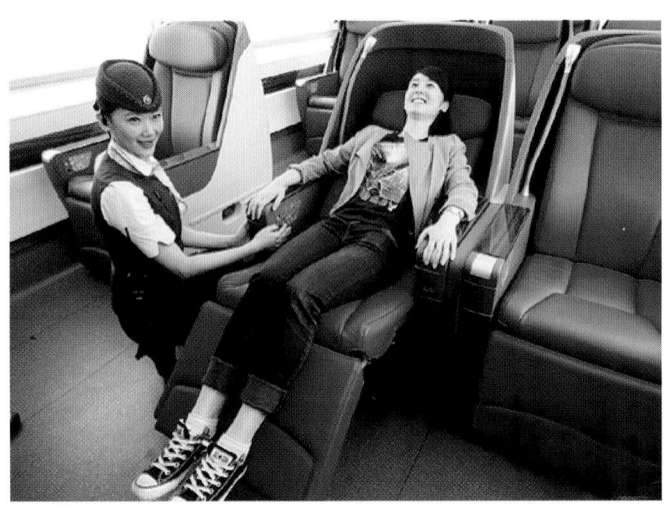

图1-7 航空器上的家具

图1-8 联合国安理会会议家具

生活活动的典型方式和总体特征。广义的生活方式包括人们在工作、消费、政治、文化、家庭及日常生活中的行为范式及准则；狭义的生活方式可理解为在上述活动中人们的活动方式。无论怎样理解，家具均与行为的"方式"有着密切关系。有些设计师即坦言，我们设计一把椅子，就是设计一种坐的方式（图1-9）。推而广之，设计其他种类的家具就是设计某种如起居、学习、娱乐、烹调、进餐等生活的方式。

不同地域、不同民族、不同阶层的人都有不同的生活习俗与方式，在特定的社会生态和历史阶段，都有着反映该时代人们生活本质属性和阶层身份的生活和行为方式的物品特征。在这一点上，家具就是探寻文化遗迹的活化石。回顾家具发展的历史，可以看出，家具正是反映某一历史阶段的生产力水平、科学文化水准、社会心理、风俗习惯的有力佐证。我们能够看到不同种类的家具的生成是如何受到当时地域的自然环境、社会政治、经济状况、科技发展水平、历史文化传统、风俗习惯、社会心理等多种条件的影响和制约的，也能看到使用者对家具的选择受年龄、性别、信仰、教育、价值观等因素的影响。

家具是人类为生活精心准备的道具，也是生活方式的具体承载物。生活方式要依托物质而存在，它会随着社会各种条件的变化呈现动态的变迁，同时它又能对生产力的发展产生巨大的影响。因而，生活方式自然对家具的设计定位起决定作

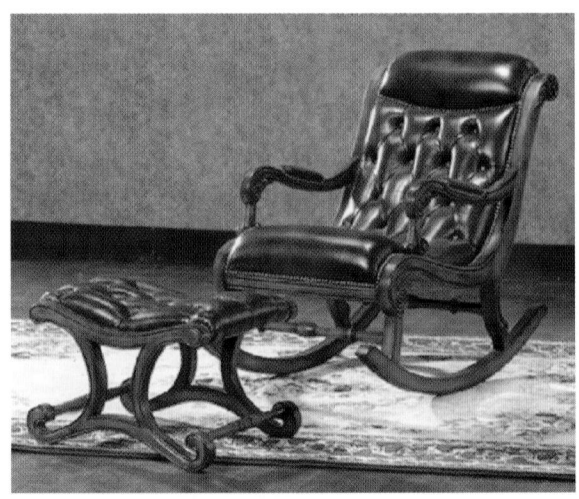

图1-9 设计坐具也是设计坐的不同方式

用。人类的家具文化正是不同民族和地域、不同历史时期、不同文化传统和价值观念的整合。因而可以说，生活方式决定了家具的本质和定位，家具设计也是生活方式设计的一部分，是各种生活方式的缩影（图1-10、图1-11）。

（四）家具与文化

1. 文化与家具文化

文化是人类创造的物质和精神财富。生活方式可说是文化的集中体现，它浓缩了文化的价值。家具则是有文化属性的实用制品，也是使用者的人文知性、价值观和生活方式的体现。家具透过概念的符号（如形态、色彩、图像等）作用于材料之上，作为人的文化价值认知，通过造物活动中设计的手段激活了材料载体，赋予了物质、精神层面的内涵和作用。可以说，家具设计就是通过现实功能的物质载体来体现人类文化体系的造物活动的一个重要组成部分。在历史上，家具是直接为人们的生产、生活、学习、交际和文化娱乐等活动服务的。它同时又是一门生活的艺术，结合环境、园林、造型和装饰艺术形成独特的家居文化形态，中外家具的发展成果便是人类造物活动在文化层面上的体现。它已成为人类文化活动的一个重要的物质文化形态和经验范畴。就其功能来看，家具对人们的社会活动和情感、心理能够产生独特和潜移默化的影响。因而，家具是一种具有文化观念和文化形态的认知（图1-12、图1-13）。

2. 家具文化的内涵

人类的家具有着深厚的文化内涵，家具文化是物

图1-10 家具是生活方式的缩影和道具

图1-12 中式家具与书法靠垫组合而成的有文人气息的陈设

图1-11 低矮家具是日本对传统生活方式的传承

图1-13 家具所体现出的中式家居文化氛围

质文化和精神文化的融合体。它在生活中潜移默化地唤起人们的审美情趣,培养人们的审美情操,提高人们的审美能力。

作为物质文化,家具是人类社会发展、物质生活水准和科学技术发展水平的重要标志;家具材料是人类利用大自然和改造大自然的系统记录;家具的结构科学和工艺技术反映了工艺技术的进步和科学的发展状态;家具的发展和成果反映了人类从农业时代、工业时代到信息时代的发展和进步。

作为精神文化,家具具有教化影响、审美功能、娱乐功能等。家具以其特有的功能形式和艺术形象长期地呈现在人们的生活空间中,潜移默化地唤起人们的审美情趣,培养人们的审美情操,提高人们的审美能力。同时家具也以艺术形式直接或间接地通过隐喻符号映射出人们的认知理念和文脉思想(图1-14)。

3. 家具的文化特性

家具的文化特性是通过物质生产活动而得到体现的,其器物有着丰富的信息载体与文化形态。而且随着社会的发展,家具的风格和面貌还将有更快速和频繁的变化,因而,家具文化在发展过程中必然或多或少地反映出如下特征:

(1)地域特征。世界各地的人之所以性格、相貌差异很大,主要是因为地域、地貌、气候、自然资源不同。家具的特性形成的条件与上述人的差异条件相似,不同国家与地区有着丰富而多元化的家具地域性差异特征(图1-15至图1-17)。就我国南、北方的差异而言,北方山雄地阔,人质朴粗犷,传统的北方家具则表现为大尺度、重实体、端庄稳定;而南方则山清水秀,

人文静细腻,传统的南方家具造型则表现为精致柔和、奇巧多变。在色彩表现上,北方家具深沉凝重,南方家具则淡雅清新。

(2)时代特性。在不同的历史时期,家具风格显现出家具文化的时代特征。如古代和现代的家具均表现出各自不同的风格与个性。

在农业社会,家具表现为手工业制作,其风格主要是古典式的,上层和宫廷喜好繁复的精雕细琢,民间底层则崇尚实用简洁质朴。而进入工业社会,家具的生产方式为工业批量生产,社会的观念也变为崇尚机械美、技术美的审美趋向,家具设计体现为现代式风格,造型简洁平直和无特别的装饰。而在后工业的信息社会,家具的设计又对现代功能主义的设计原则提出疑问,转而注重文脉和文化语义,家具风格呈现了多元的发展趋势,其设计的理念是家具既要有现代的技术、工艺材料和特点,又要在设计语言上与地域、传统、历史等进行兼容。从共性走向个性、从单一走向多样,这正是当下家具所体现的时代特性(图1-18)。

(五)家具的未来展望

1. 全球化与文化融合背景下的家具

随着世界经济贸易的一体化和互联网的快速发展,世界变得越来越小,人们之间的相互依存度越来越高,地球村的概念日益凸显。现代设计产品已经变为富有人文精神的文化软实力和艺术现象。在此种背景下,现代家具产品逐渐淡化了"国籍"的概念,国际化、人性化的语言将越来越流行,作为品牌产品的现代家具,其界限和风格会变得越来越模糊。今天的

图1-14 明、清家具的文化符号映射的理念和文脉　图1-15 非洲的木雕椅　图1-16 中国民间竹椅　图1-17 欧洲的摇椅

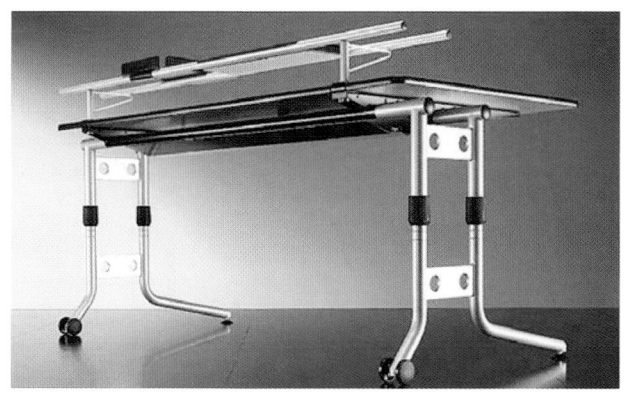

图1-18 现代家具的新门类与新设计

意大利家具设计和米兰家具博览会，已经成为世界家具流行潮流的窗口。同时，德国的整体智能化厨房家具、北欧风情的现代家具都在全球一体化的国际家具市场中迅速地流行和普及。现代家具设计的国际化、样式和技术的趋同性是家具发展的大趋势。东西方文化不断融合，传统与现代相互交汇，从19世纪至今，现代家具的发展，始终都有一条国际化的主线贯穿其中，它是当代人类进步和生活方式与文化观念涌动前行的不可逆转的大潮（图1-19）。

2. 国际化与民族化

国际化与民族化看似矛盾，实则不然，随着各国间文化交流的增强，现代文化和观念对家具的影响使得家具产品的国际化语言越来越盛行。家具产品作为一个国家和民族的传统文化符号，如何发扬自身的

地域文化优势，取其精华并用现代语言加以阐释，挖掘历史和文脉的价值，努力使传统家具的文化传承有现代的品位，这对家具设计师而言，是一个需要面对的紧迫课题。因此，民族和国家千百年积淀下来的文化底蕴和传统艺术应成为现代家具设计取之不尽、用之不竭的源泉和宝库，而这些文化遗产并无国界，全人类的设计师都可享用。例如，中国传统家具中的瑰宝——明代家具以其简练、挺拔的优美造型和其表现的超凡脱俗的人文气质著称于世；丹麦设计大师汉斯·瓦格纳研究吸取了中国明式家具的文人气质、灵动造型和天然硬木材质肌理美的灵魂，将其融入北欧包含人体工程学与精美工艺的创造之中，设计出了一批既有明式家具韵味，又符合科学性设计的精美的北欧座椅，成为现代家具文化嫁接的经典之作（图1-20）；中国家具设计师吴明光和艺术家邵帆在设计作品的东西方观念融合上亦与瓦格纳有异曲同工之妙（图1-21、图1-22）。上述案例对我们本土的家具设计师和企业来说是一个启示，也是一个值得深思和探求的系统工程课题。

中国家具若要走向世界，离不开走国际化与民族化相融合、继承传统与推陈出新相结合的路线，应强调越具民族气派的设计也就越具国际化的品格。东西方家具文化的交融、艺术设计与科学技术的结合将始终是现代家具设计的主导方向。在构建中国现代家具

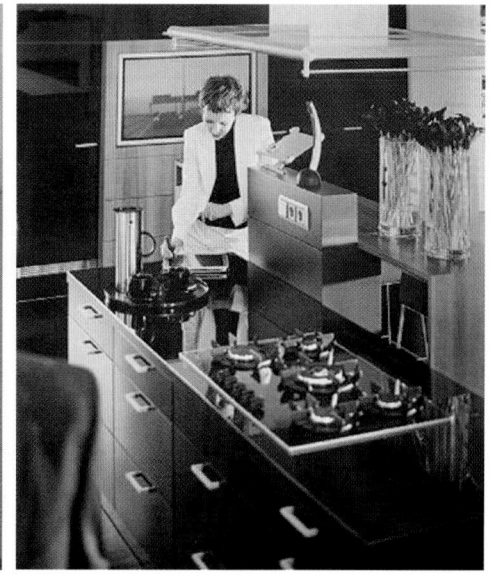

图1-19 国际化背景下的设计主线贯穿于设计和消费之中

图1-20 汉斯·瓦格纳设计的座椅

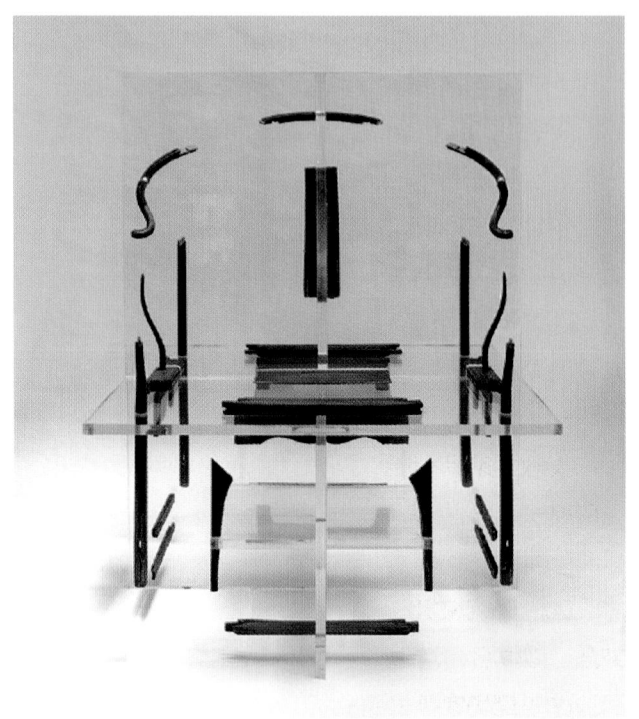

图1-22 黄文宪、陈春妮设计的有中国风韵的家具

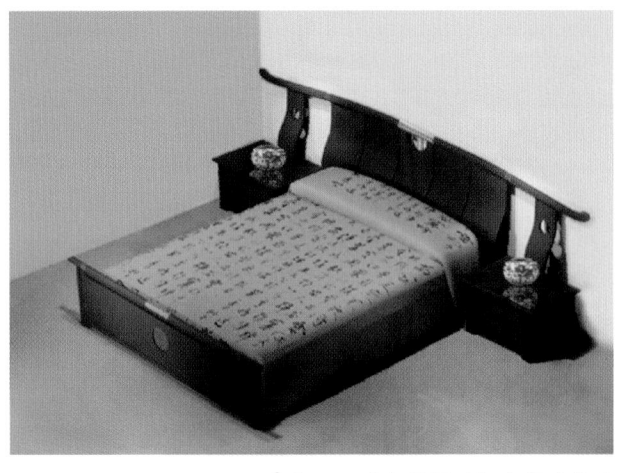

图1-21 邵帆设计的概念家具作品

的整体风格中，设计师需要具备全球化的观念和视野，去寻找东西方文化的契合点。今后，家具文化的国际化与民族化的整合将是中国家具发展的必由之路。

二、现代家具的分类

现代社会由于分工细化，家具在不同的行业内都有不同品类的设计和功能，可以根据不同的分类标准对家具进行分类。

（一）按使用场所分

1. 适合住宅的家具类型

（1）玄关家具：装饰花台、案、几、鞋柜、椅凳、衣帽架、屏风隔断等。

（2）客厅家具：沙发、茶几、条案、各式造型椅、电视柜、装饰柜、组合柜等。

（3）卧室家具：床、床头柜、衣柜、电视柜、储物柜、造型椅等。

（4）书房家具：写字台、书柜、书架、电脑桌、工作椅等。

（5）餐厅厨房家具：餐桌椅、酒柜、整体橱柜、备餐台等。

（6）卫浴家具：洗面台、浴柜、置物架等。

2. 适合公共空间的家具类型

（1）办公家具：办公桌、电脑桌、办公椅、会议桌、会议椅、沙发、文件柜、资料柜、接待台、大班桌、书柜、陈列柜等。

（2）商业展示家具：商品陈列柜、陈列架、展架、展台、收银台、咨询台、沙发、休闲椅等。

（3）酒店家具：

①大堂家具：服务台、屏风、花台、沙发、茶几、座椅、吧台、酒柜等。

②餐饮家具：餐桌椅、候餐椅、备餐台、吧台、吧凳、酒柜、厨房家具等。

③客房家具：床、行李架、写字台、电视机柜、衣柜、壁柜、酒柜、茶几、沙发、扶手椅等。

④商务家具：电脑桌、办公椅、会议桌、沙发、茶几、文件柜等。

（4）学校家具：

①教学家具：讲台、课桌椅、多媒体设备、试验台、电脑桌、阅览桌椅及各种与专业教学相关的专业家具。

②生活家具：食堂餐桌椅、宿舍家具等。

（5）医院家具：咨询台、病床、衣柜、壁橱、沙发、茶几、工作台、候诊椅凳、门诊桌椅、资料柜等。

（6）剧场家具：沙发、观席椅、后台工作休息椅、桌等。

（7）交通家具：客座椅、活动桌、床等。

3. 适合户外的家具类型

户外家具多采用木、竹、石、金属、木塑等材质，起着支承、凭倚的作用（图1-23、图1-24）。

（二）按基本功能分

根据其基本功能，家具可分为支承类、凭倚类和储藏类家具。

支承类家具，指床、椅、凳、沙发等直接与人体接触，支承人坐、躺、睡等活动的家具。

凭倚类家具，指桌、案、几、台等辅助人体活动，用于承托生活物品的家具。

储藏类家具，指壁、柜、架、箱等用于储藏衣物器具的家具。

（三）按结构分

根据其结构，家具可分固定装配式、拆装式、组合式、支架式、折叠式、壳式、充气式、嵌套式、多功能式等。

（四）按材料分

根据制作材料的不同，家具可分为木质家具（实木、曲木、模压胶合板）、竹藤家具（竹编、藤编、草编、柳编）、金属家具（铸铁、不锈钢、铝合金）、塑料家具（改性有机玻璃、玻璃钢）、玻璃家具、石材家具（天然石材、人造石材）、软件家具、纸质家具等。

（五）按放置形式分

根据放置的形式，家具可分为自由式、嵌固式、悬挂式。

三、家具与建筑

（一）家具与建筑设计

在人类漫长的历史长河中，家具的发展和建筑的

图1-23 用金属弯管制成的现代户外家具

图1-24 耐腐木与石材组合制成的园林家具

图1-25 密斯·凡·德罗设计的巴塞罗那世博会德国馆庭院空间

图1-26 密斯·凡·德罗设计的巴塞罗那世博会德国馆室内及家具

图1-27 现代建筑与家具在设计理念和风格上相得益彰

发展一直是并肩前行的。建筑样式和风格的演变始终影响着家具的样式和风格。如欧洲中世纪哥特式教堂建筑兴起的同时就有刚直、挺拔的哥特式家具与其相呼应，中国明代园林建筑的兴起也有精美绝伦的明式家具与之相配。在近百年的时间内，现代建筑设计的新思想、新观念引发过多种风格的流行，这些建筑设计的思潮也同样对现代家具的设计制造产生了多种不同的影响，形成了观念相近的家具新风格和流派。特别是现代建筑和现代家具在西方的同步发展，催生了一大批现代建筑和家具设计大师。直到今天，当代建筑设计的领军人物，从法国的菲利浦·斯塔克到澳大利亚的马克·纽森，从英国的扎哈·哈迪德到美国的凯瑞姆·瑞席等，他们也通过设计椅子等家具来体现他们的建筑观点，并试验那些他们还没有机会在建筑中实现的概念。这些大师同时也是建筑、室内、家具设计与家居用品一体化设计的高手（图1-25至图1-29）。

建筑的室内需要通过家具等中介把建筑空间消化而转变为自我的空间，所以家具设计是建筑环境与室内设计的

图1-28 迈耶设计的巴塞罗那现代艺术馆中的现代家具设计

图1-29 国家大剧院大会客厅的家具陈设

图1-30 国家大剧院演出厅的家具

图1-31 家具设计仿建筑造型的装饰柜

重要组成部分。明清以后较长时间内，中国的家具发展停滞，与世界现代家具的发展水平差距拉大，通过分析可以看出，建筑与家具的分离应该是其中一个非常值得重视的原因。所以，有必要重新审视家具与建筑的整体环境空间的依存关系。家具始终是人与建筑空间的一个中介物。正是因为家具等工具、用具的创造和使用，人类才逐渐拥有了体面而有尊严的生存和生活。特别是随着人类文明的进步与社会发展的加快，人们对家具的需求越来越大，对其设计与功能也会提出更高的要求，家具在新时代肩负着在建筑空间和环境中创造文明的现代功能形式的重任和使命（图1-30、图1-31）。

（二）家具与室内设计

1. 室内环境中的家具

人与家具是居室空间的两个主角，家具是构成建筑室内空间功能和视觉美感的第一要素。由于家具是建筑室内空间的主体，人的

工作、学习和生活在建筑空间中都是以家具来演绎和开展的，在室内设计上，考虑各种空间关系时都要把家具及设施放在首位。同时，家具也是构成室内设计风格的主体（图1-32）。

室内的天花、地面、墙、门、窗等各界面在视觉上是背景，起烘托的作用。家具在环境中融入人体工程学、美学，配合照明、布艺、陈设等配套设计，呈现在人们眼前的是一个以家具为主导的功能合理、完美和谐的室内空间。由此可见，家具设计要与建筑室内设计相统一，家具的造型、尺寸、色彩、材料、肌理要与建筑室内相适应，家具设计从业人员应将学习建筑与室内设计专业相关知识看成是家具设计必修的知识加以掌握（图1-33、图1-34）。

2. 家具与室内环境空间组织

建筑围合的场所为家具及陈设提供了限定的空间，家具在此空间中可进

图1-32 家具在室内设计及陈设中占有主导的位置（何为作品）

图1-33 房屋室内家具规划布置效果图　　　　　　　　　图1-34 家具是构成室内设计风格的主体要素

行合理组织和室内空间规划。利用不同的家具组合可形成不同的空间形态，如沙发、茶几、电器设施、博古架柜等可以组成起居会客的空间，餐桌、椅、酒柜可组成餐饮空间，工作台、书桌、书柜、架可组成书房及工作室空间等空间样式。随着信息化和智能化建筑的出现，未来新的家具形制也会有新的空间形式出现（图1-35）。

由于建筑钢结构等整体建造结构的普及，现代建筑的内部空间跨度越来越大和通透，过去在空间中起承重和隔断作用的墙体，现在越来越多地被家具所替代。此种做法的优点是节省了空间，增加了使用面积。如整面墙的衣柜、书架或隔断等，组成了互不干扰又互相连通的单元。在室内的空间形态造型上，家具作为隔断，更有艺术设计感的效果，丰富了立面形象（图1-36、1-37）。

（三）家具与城乡公共环境

随着人们社会生活形态的演变，家具正从室内扩

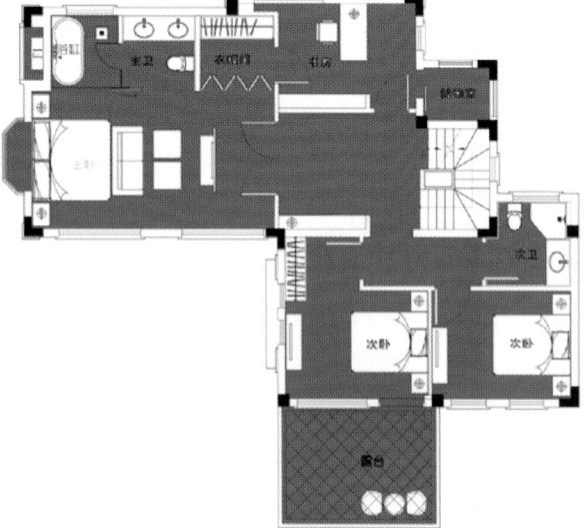

图1-35 家具的规划设计在室内环境中有着组织空间的功用

图1-36 宝马汽车销售中心的接待家具

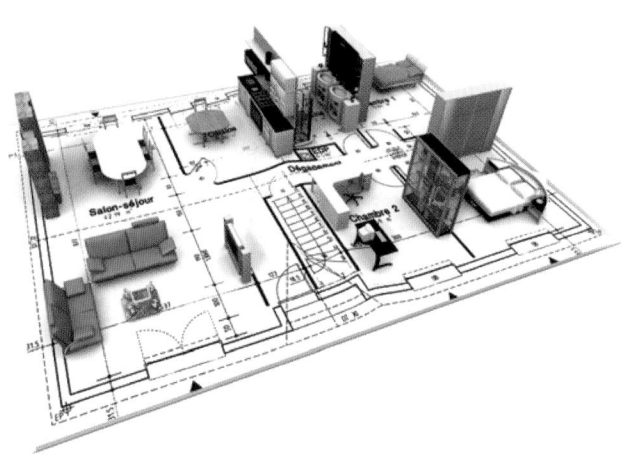

图1-37 家具起到了功能分区和合理组织分配空间的作用

展延伸到街道、广场、花园，人与环境和谐相处的公共空间设施与家具将成为发展的新领域。当前，提升城市公共服务环境品质及以人为本的发展理念已成为共识，家具的功能与定位已延伸到各类环境之中，现代家具产品在城市环境公共设施的开发上与环境的发展同步，已成为一个独立的城市家具系列。公共环境家具、垃圾箱、电话亭、公交候车亭等已融入现代环境设施的系统工程，城乡广阔的广场、公园等已成为一个面向市民大众的开放的户外厅堂。这就使家具结合城市的建筑和环境建设有了新的发展空间（图1-38、图1-39）。

目前户外环境家具和设计还存在不少的问题，比如产品不符合人体工学，制造材料不科学，造型色彩缺乏美感，与城市周边环境不协调，产品不稳固、不舒适、不便于市政清洁和修理等（图1-40）。

图1-38 欧美城市家具注重与公共空间环境的协调

图1-39 与环境融为一体的民间品茗休闲的竹木家具

图1-40 也有选用材料、使用模式、运营管理不当等问题

四、家具与现代设计

（一）手工业时代的家具设计

工业革命之前，家具设计者和制造者往往是同一个人，家具的设计与制作完全是手工艺人个人经验的体现，家具行业中没有精细的专业分工，基本上是单件制作的手工劳动，在技艺传承上完全是师傅带学徒的方式。所用的材料基本上是天然的木材、竹、藤、石料等。家具完全受材料的性质和加工手段、工具的制约，也受手工劳动者个人的素质等诸多方面的影响（图1-41）。

现代家具设计与制造是批量化的工业生产，克服了手工艺时代的缺点。但从历史和文化的角度看，无论是精美的宫廷家具，还是简朴的民间家具，都是宝贵的文化遗产。特别是中国明代的江南民居、园林建筑及明式家具皆为手工艺时期营造技艺和民间家具的优秀代表性制作，它们具有完美精湛的手工技艺，是现代家具的先师，是后人继承和发扬的样本（图1-42、图1-43）。

（二）工业化时代的家具设计

现代家具设计是建立在大工业批量化生产、现代科技及制造标准化的基础之上的。现代家具设计是产品设计、建筑及环境设计、室内设计重要的组成部分（图1-44）。

工业革命为世界家具带来了大机器批量化生产的模式并催生了真正的现代设计，也使设计有了市场的

图1-41 欧洲手工业时代制作的家具

意义。工业化的生产使原来两极分化的宫廷和民间家具，由于大批量的生产和工艺的变革逐步走向融合，但在融合中仍然保留着传统并形成了新的家具样式和形制。比较典型的是丹麦的汉斯·瓦格纳和中国的朱小杰，他们将家具设计与不同的文化和各种艺术及时尚互相渗透，使家具变成了一种现代工业产品，甚至是人们喜闻乐用的时尚产品（图1-45、图1-46）。

随着科技的进步，特别是家具新材料的发明运用，现代家具将更多地体现出高科技成果的运用和有审美愉悦及精神文化内涵功能的产品。

五、家具与艺术

（一）家具与艺术的关系

世界上各大博物馆所收藏的艺术品中，家具都占

图1-42 徽州式样精美的建筑木雕和砖雕

图1-43 中国传统家具精美的雕刻

图1-44 大工业时代标准化、批量化生产的现代家具

图1-45 融和多元文化和特色的座椅设计
（汉斯·瓦格纳作品）

图1-46 明式家具与乌金木结合的座椅设计（朱小杰作品）

图1-47 弗兰克·盖里设计的维特拉家具博物馆

有极其重要的位置。家具是技术与文化艺术融合的具有实用功能的艺术品，家具中技术与文化艺术各占的比重随不同的家具设计和风格，或更多地偏重于技术，或更多地偏重于艺术。随着社会大众在生活中对美的需求和追求愈来愈成为自觉和常态，家具与艺术的关系越来越密切，不同的艺术流派对家具的设计和外观造型影响愈加突显，家具的文化内涵和价值将得到普遍的认同（图1-47）。

从设计学的角度对家具的外观形态、材料、结构进行剖析，可以看到这些元素中饱含着极强的艺术因子。现代家具的设计人员，应当具备扎实和深厚的专业基本功和美学修养，着重研究家具设计造型的形式美的内容和法则，培养对形式美的敏锐感觉，运用形式美的法则去创造美的造型。此外，更要借鉴吸收当代艺术的精粹来探索现代家具的造型特点，挖掘创新的资源。从 19 世纪至今的现代家具发展看，现代家具的发展多是由艺术家与设计师在抽象艺术和现代绘画、雕塑的表现方法和元素中借鉴融合，创造出了具有时代美感的家具作品（图 1-48、图 1-49）。

（二）家具与美术

艺术对现代家具设计的影响最直接的莫过于欧洲新艺术运动的潮流，产生了麦金托什的垂直风格的家具样式。风格派艺术运动的重要画家蒙德里安的红、黄、蓝原色与矩形几何分割形式的抽象绘画，直接影响了著名建筑和家具设计师里特维尔德的现代家具名作"红蓝椅"。现代前卫雕塑大师亨利·摩尔的圆润柔和、对比强烈的生物形态抽象雕塑，对美国建筑与雕塑设计师查尔斯·伊姆斯和埃罗·沙里宁的"有机家具"在造型设计上具有启迪意义。现代的家具日益从"实用化"向"艺术化""雕塑化""时装化""概念化"方向转变，从以前的"物体→材料→技术"的秩序优先转移到以"视觉→触觉→艺术"优先的时代。家具设计的艺术美感已成为大多数消费者重要的视觉要素选择考量。设计师所探求的是既要实用又要美观的艺术与功能的最佳结合点，要做到这一点，不可缺少的是设计者要有美术的观念和功底，借助于艺术与现代家具相融合的方法，使人类的美术知识的宝库成为通往现代家具设计成功的一座桥梁。现代家具的"艺术化"的设计思维和观念必将拓展现代家具的设计思路，受到消费群体的欢迎（图 1-50）。

六、家具与科技

家具，始终是在科学的发明和技术的进步及艺术昌盛的助推下发展的。人的审美、时尚和生活观念总是跟随着科技的发展而变化的。工业革命之后，现代家具的发展一直和科学技术的进步并行。由工厂的机械化大批量生产替代了手工的方法。科学技术的融入给古老的家具业带来了前所未有的生命力，家具制作新的技术、工艺、结构和材料的应用，使过去手工技术达不到的家具造型和工艺成为可能。

图1-48 联合国家具雕塑
（象征没有和平就没有整个世界的平衡）

图1-49 现代理念和简洁的设计手法赋予了家具艺术气质和品位

图1-50 联合国安理会家具与美术品装饰相得益彰

（一）家具与新技术

从现代家具发展的路径可以看出，新技术与新材料带来了家具工艺技术的不断革新与进步。新技术的出现对传统家具是一种挑战，然而对总体的家具业而言却是一个福音，它给现代家具设计带来了巨大的机遇和推动力。如库卡波罗利用现代材料、索耐特采用机械和蒸气软化技术进行层板弯曲，设计出了精美且价格低廉的木椅（图1-51、图1-52）。

新技术的出现对家具业产生深刻影响，最有说服力的例子应算计算机信息技术的新技术革命，它给家具设计带来了重大影响。如计算机数控机械加工技术在家具制造中普及，高新技术正在全面导入和改造家具行业，引起了家具设计制造管理和销售模式划时代的变革和进步。计算机设计系统全面导入现代家具设计领域，提高了设计的质量，缩短了设计周期，降低了生产成本。高新技术的引入，已成为市场核心竞争力的关键技术和强大工具。

（二）家具与新材料

家具只有依托实在的材料进行加工才能成为产品，家具的造型和结构等也必须有实体材料做基础方能成立。新材料的研发和应用是家具创新的一个标志。传统的家具制作几乎完全采用天然木材作为原材料，只是到了工业革命后，优质的钢材和轻金属材料才被应用于家具设计，使家具从传统的木器时代发展到金属时代。20世纪早期德国包豪斯的布鲁尔开发设计了造型简洁、线条流畅的系列钢管椅，采用抛光镀铬的现代钢管作基本骨架，以柔软的牛皮、帆布作椅垫和靠背，至今仍然流行。二战后，人造胶合板材料及弯曲、胶合技术的使用，使材料进入了综合利用的时代（图1-53、图1-54）。

芬兰阿尔瓦·阿尔托等设计大师采用现代的热压胶合板技术，使家具从生硬角度的直线造型变得更加柔美和曲线化，扩展了现代家具设计的新语汇（图1-55）。

特别是塑料这一材料的发明使用，为家具设计提供了极大的创造和想象空间。美国家具设计师埃罗·沙里宁和查尔斯·伊姆斯等用塑料注塑成型工艺、金属浇铸工艺等新技术和泡沫橡胶、铸模橡胶等新材料设计出了"现代有机家具"，这些更具形式感的创新设计一经面市，就迅速成为现代家具所追逐的时尚和潮流（图1-56、图1-57）。

图1-51 用现代热压技术成型的胶合板与金属组合的轻便椅设计

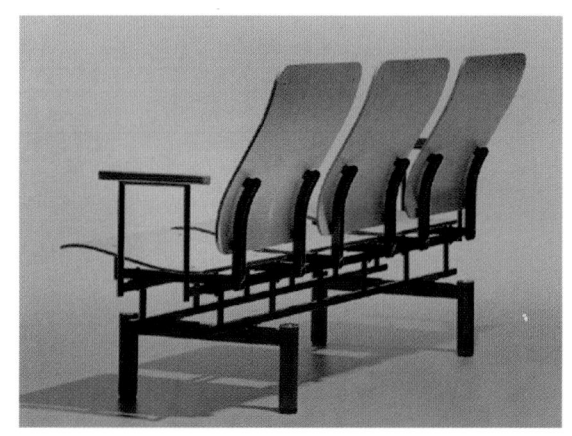

图1-52 库卡波罗用热压胶合板与金属材料结合的公共家具

图1-53 产品新材料的综合利用为家具造型增添了想象的空间

图1-54 运用新材料的绿色设计理念已成为时尚象征

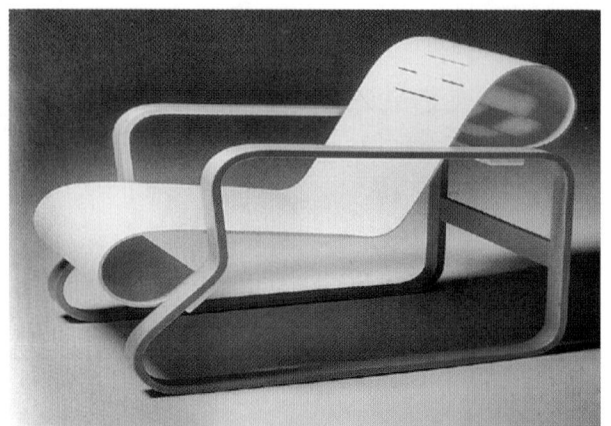

图1-55 阿尔瓦·阿尔托的座椅设计

图1-56 现代有机家具

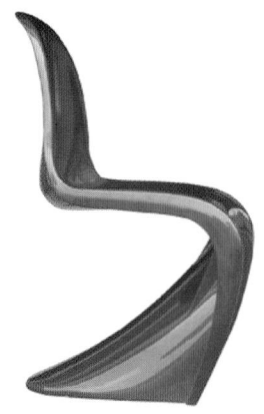

图1-57 潘顿的塑料椅设计

图1-58 阿尔托弯曲木家具的设计呈现了材料和结构美感

家具应用的材料都与使用者有生物感应，可与人进行交流，材料具有独特的肌理质感，是家具设计的重要表达语言（图1-58）。现代家具设计师对材料应当非常敏感，应时刻关注当代科技的成果和新的发展。科技发展永无止境，信息化时代的家具设计者应是数字化的设计师，并紧跟当代科技的脚步，关注各种家具新技术和新材料的发明应用。家具科研的进步和新材料的持续运用，必然会影响设计的观念并产生新生代的家具设计师，各方面都将会产生质的变化，也会设计创作出大量的以新材料为特征的新家具。

课程设计

1. 此部分应着眼宏观的把握，让学生知晓家具的基本属性及概念、现代家具的种类和应用覆盖的空间范围。

2. 使学生了解现代家具与建筑、室内环境、工业设计等相关学科体系的关联，认识现代家具在人们生活方式中的物质与文化形态的统一性，了解现代家具设计中的国际化与民族化的辩证统一的关系。

课程建议

1. 建议阅读有关中国及欧美家具设计史及北欧家具介绍的书籍。

2. 带领学生到家具市场进行家具设计及销售的调研活动。

3. 从对大师作品和家具设计文化的介绍中，培养学生对家具设计的兴趣。

第二部分

中外家具发展简史

ZHONGWAI JIAJU FAZHAN JIANSHI

一、外国古代主要家具

（一）古埃及家具（公元前27世纪—公元前4世纪）

埃及是最早的文明古国之一，富饶的尼罗河滋养了这片神奇的土地，创造了灿烂辉煌的文化。公元前4000年，埃及已有了皇宫、陵墓、神庙等雄伟威严的纪念性建筑及与之相配套的生活器物及家具、壁画、雕塑等。

古埃及的家具造型以对称为基础，比例合理，外观富丽而威严，装饰手法丰富，雕刻技艺高超。桌、椅、床的腿常雕成兽腿、牛蹄、狮爪等形象。装饰纹样多取材于尼罗河两岸常见的莲花、鹰、羊等动植物形象。家具的木工已出现了较完善的裁口榫接合结构和镶嵌技术。家具装饰色彩除金银、象牙和宝石的本色外，在家具表面多涂以红、黄、绿、棕、黑、白等色（图2-1）。

古埃及家具直接影响了后来的古希腊与古罗马家具，到了19世纪，它再次影响了欧洲的家具，可以说古埃及的家具是欧洲家具发展的先行者。直至今天，古埃及家具仍对家具、建筑及室内设计等有借鉴的作用。

（二）古希腊家具（公元前11世纪—公元前1世纪）

古希腊经济、文化繁荣，是欧洲文化的摇篮，产生了令人赞叹的艺术和建筑。古希腊的建筑以雅典卫城建筑群为代表，达到了古典建筑艺术的高峰。更值得推崇的是古希腊人从人体美的比例获得灵感，创造了三种经典的柱式——多立克式、爱奥尼式和科林斯式，成为人类继承的经典建筑构件样式。古希腊的建筑和艺术足可成为希腊人引以为傲的资本。

古希腊家具与古希腊建筑一样，有简洁、实用、典雅的众多优点，尤其是座椅的造型呈现优美曲线的自由活泼的趋向，优美舒适。家具的腿部常采用建筑的柱式造型，并采用旋木技术，推进了家具艺术的发展。古希腊家具也是欧洲古典家具的源头之一，它体现了功能与形式的统一，线条流畅，造型轻巧，为后人所推崇（图2-2至图2-3）。

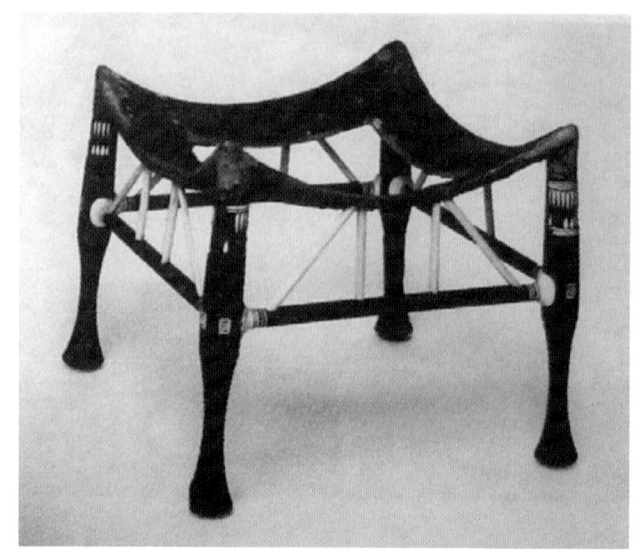

图2-1 古埃及的日用家具

（三）古罗马家具（公元前5世纪—公元5世纪）

罗马帝国是一个跨欧、亚、非三洲的强大帝国，在其扩张的历史中，经济、文化和艺术得到了空前的繁荣和发展。古罗马人继承并向前推进了古希腊晚期的建筑与家具成就，达到了奴隶制时代建筑与家具艺术的巅峰。古罗马家具受到了古希腊建筑的直接影响，家具的造型坚厚凝重，采用战马、雄狮和胜利花环等

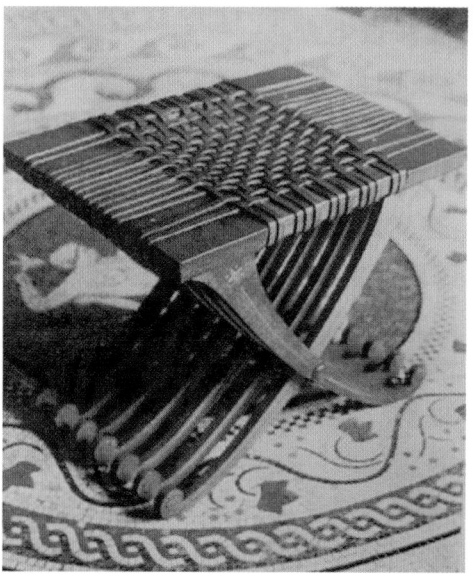

图2-2 古希腊家具躺床和小桌

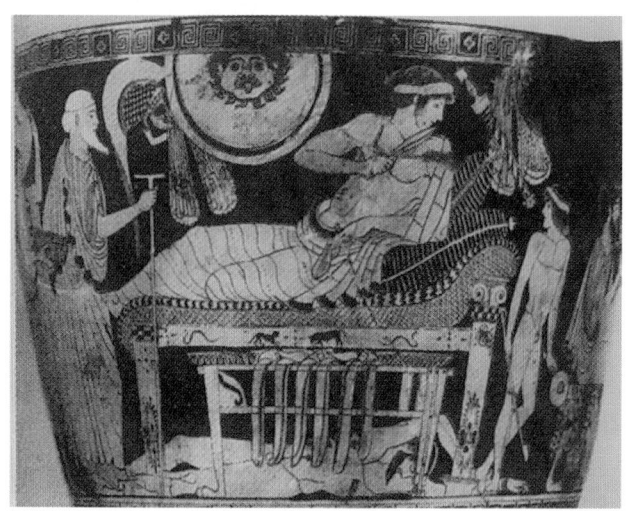

图2-3 古希腊美术作品中的躺床

做装饰与雕塑题材，构成男性化的风格。制造用材料有青铜和石材，木材也大量使用。在工艺上有合成板、格角榫木框镶板结构。艺术造型与雕刻和镶嵌装饰有很高的技艺水平（图2-4、图2-5）。

（四）拜占庭家具（4世纪—11世纪）

拜占庭是5世纪至6世纪强大的帝国，其前身是东罗马帝国，首都为君士坦丁堡。拜占庭家具继承了罗马家具的形式，并融合了西亚和埃及的艺术风格，融合波斯的细部装饰，模仿罗马建筑的拱券形式，以

图2-4 古罗马家具造型及工艺

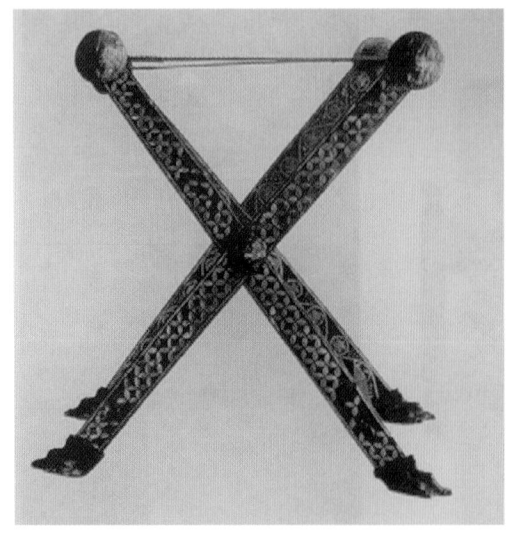  

图2-5 古罗马家具的造型　　　　　　　　　　图2-6 拜占庭时期的家具

雕刻和镶嵌最为多见，节奏感很强。在家具造型上由曲线形式转变为直线形式，具有挺直庄严的外形特征，尤其是王座的造型上部装有顶盖或高耸的尖顶，这种座椅对后来的家具影响很大（图2-6）。

（五）仿罗马式家具（11世纪—13世纪）

自罗马帝国衰亡以后，意大利封建制国家将罗马文化与民间艺术融合在一起，形成了一种艺术形式，称为仿罗马式，兴起于11世纪并传播到英、法、德和西班牙等国，并成为当时在西欧流行的家具形式。

仿罗马家具的主要特征是在造型和装饰上模仿古罗马建筑的拱券和檐帽等式样，最突出的还有旋木技术的应用，有了全部用旋木的扶手椅。加工技艺精美，用铜锻制和表面镀金的金属装饰对家具既起加固作用，

同时又达到了很好的装饰效果（图2-7）。

（六）哥特式家具（12世纪—16世纪）

12世纪后半叶，哥特式建筑在西欧以法国为中心兴起，后逐渐扩展到欧洲各基督教国家，到15世纪末达到鼎盛时期。这一时期是欧洲神学体系成熟的阶段，哥特式的教堂使宗教建筑的发展达到了前所未有的高度，最典型的代表有法国的巴黎圣母院、英国的坎特伯雷大教堂、西班牙的巴塞罗那教堂和德国的科隆大教堂。高耸的尖拱，三叶草饰和多彩的玫瑰玻璃窗，成群的簇柱，层次丰富的浮雕，把人们的目光引向虚幻的天空和对天堂的憧憬。

受到哥特式建筑的影响，哥特式家具同样采用尖顶、尖拱、细柱、垂饰罩、浅雕或透雕的镶板装饰，以刚直、挺拔的外形与建筑形象相呼应，尤其是哥特式椅子（主教座椅）更是与整个教堂建筑及室内装饰风格一致。

二、近世纪欧洲代表性家具

（一）文艺复兴时期的家具（14世纪—16世纪）

文艺复兴是公元14至16世纪意大利出现的以人文主义思想为主流，以古希腊、古罗马的文化艺术思想为武器的反封建、反宗教神学的一场思想变革运动。

图2-7 仿罗马式家具

这场变革激发了意大利前所未有的艺术繁荣，并传播到了欧洲很多国家。文艺复兴时代的建筑、家具、绘画、雕刻等文化艺术领域都进入了一个崭新的阶段，众星璀璨，大师辈出，如雕刻大师、画家、建筑师米开朗基罗（1475—1564），绘画大师、建筑师、工程师达·芬奇（1452—1519）和画家拉斐尔（1483—1520）等。

自15世纪后期起，意大利的家具艺术开始吸收古代建筑造型的精华，将古希腊、古罗马建筑上的檐板、半柱、女神柱、拱券以及其他细部形式移植到家具上作为造型与装饰艺术，这种由建筑和雕刻转化到家具的手法，将家具制作的工艺与建筑装饰艺术结合起来，表现了建筑与家具在风格上的统一。文艺复兴时期家具的主要成就是结构与造型的改进与建筑、雕刻装饰艺术的结合。可以说，文艺复兴家具主要是一场装饰形式上的革命，而非设计和技术上的革命（图2-8）。

（二）巴洛克风格家具（17世纪—18世纪初）

巴洛克风格是17至18世纪在意大利文艺复兴建筑基础上发展起来的一种建筑和装饰风格。其特点是外形自然，追求动态，喜好富丽的装饰和雕刻，色彩强烈，常用穿插的曲面和椭圆形空间（图2-9）。

巴洛克式的建筑装饰风格打破了古典建筑与文艺复兴建筑的"常规"，追求动感，尺度夸张，形成了一种强烈、奇特的男性化装饰风格；与随后的"洛可可"的女性化的细腻娇艳风格交相辉映，成为17世纪至18世纪流行欧洲的两大艺术风格流派。

巴洛克家具的最大特色是将富于表现力的装饰细部相对集中，简化不必要的部分而强调整体结构，在家具的总体造型与装饰风格上与巴洛克建筑及其室内的陈设、墙壁、门窗严格统一，创造了一种建筑与家具和谐一致的总体效果。

1661年，法国路易十四亲政后，意大利的设计思想和技术与地道的法国皇宫家具相结合，成为了特有的路易十四式的法国巴洛克家具。法国皇家装饰美术师1700年出版了世界上第一本《家具设计图集》专业书，为路易十四式家具后期的发展奠定了良好的基础。布尔（1642—1732）是法国巴洛克家具杰出的家具设计和制作大师，他主张把家具从建筑的附属品中解放出来，为创建独立的家具体系做出了巨大的贡献（图2-10）。

（三）洛可可风格家具（18世纪初—18世纪中期）

洛可可风格也称"路易十五风格"。"洛可可"一

图2-8 文艺复兴时期的家具

图2-9 受文艺复兴艺术影响的室内陈设和家具

图2-10 法国路易十四时期巴洛克风格的家具

词法语意为"贝壳形"。洛可可艺术是 18 世纪初在法国宫廷形成的一种室内装饰及家具设计手法，后流传到欧洲其他国家并成为 18 世纪流行的一种新兴装饰及造型艺术风格。

洛可可风格最显著的特征就是，以均衡代替对称，追求纤巧与华丽、优美与舒适，并以贝壳、花卉、动物形象作为主要装饰语言，在家具造型上优美的自由曲线、精细的浮雕和圆雕共同构成一种温婉的女性化装饰风格，与巴洛克的方正宏伟形成一种风格上的反差和对比（图 2-11）。

（四）新古典风格家具（18世纪以来）

18 世纪，法国的启蒙主义思想出现，爆发了震荡世界的资产阶级大革命，最终以资产阶级的胜利结束了欧洲封建制度的统治，进入了科学、民主、理性的光明时代。与此相对应的是，人们在艺术上的需要也倾向简洁明快的风格。新古典风格的建筑、室内装饰、家具逐渐兴起并引领一代潮流（图 2-12）。

三、外国现代家具及设计大师

20 世纪以来是人类发展史上取得科学技术成就最多和科学突破最大的时期。现代家具在一百多年的历史发展进程中，经历了一波又一波设计运动和风格流派的演变，产生了一批优秀的有代表性的设计师和可观的现代家具经典之作，并形成了一批具有全球影响力的著名家具品牌和公司，产生了许多现代家具设计的创新理念和思想，形成了以北欧、西欧及意大利为中心的现代家具流派和区域设计制造中心。

（一）前期现代家具（1850—1914）

1. 现代家具的先驱人物

迈克尔·索耐特 1796 年生于德国，46 岁时他用化学和机械的方法弯曲脆材，并获得专利。56 岁发明了加金属带使中性层外移的曲木技术，为他的"索耐特式"家具造型打下了技术基础。1853 年 11 月成立了索耐特兄弟公司。1859 年开始生产的维也纳椅是索耐特家具历史上最有代表性的作品，每年共生产近百万件。后又开始生产那种坐在上面就感到悠闲自得的曲木摇椅，这种将"动"的观念融到家具中的形式，是这类作品灵活应用曲线造型的典范（图 2-13）。

2. 工艺美术运动

"工艺美术运动"主要是英国的艺术运动，1888年由莫里斯（1834—1896）倡导。这一运动的基本思想在于改革过去的装饰艺术，并以大规模的、工业化生产的廉价产品来满足人们的需要，因而也标志着家具从古典装饰走向工业设计的第一步。经过莫里斯十年的开创性工作及影响的不断扩大，这一新思想逐渐传播到了整个欧洲大陆，并导致"新艺术运动"的发生（图 2-14）。

3. 新艺术运动

新艺术运动是 1895 年由法国兴起，至 1905 年结束的一场波及整个欧洲的艺术革新运动。新艺术运动是欧洲传统古典主义艺术向现代主义运动的过渡，它致力于寻求一种不从属于过去的新风格。新艺术运动是以装饰为重点的个人浪漫主义艺术，它以表现自然形态的美作为自己的装饰风格，从而使家具像生物一样富于活力，有明显的罗曼蒂克的色彩，但终因不适于工业化生产的要求而逐渐式微。新艺术运动带给我

图2-11 法国路易十五时期洛可可风格的家具

图2-12 新古典风格家具

图2-13 迈克尔·索耐特生产的曲木椅

图2-14 工艺美术运动时期的家具

们的教训是：装饰和设计应当从对古典的模仿中解放出来，设计中的艺术因素应适用工业化大规模的生产工艺（图2-15）。

4. 德意志制造联盟

这是一个由德国建筑师穆特修斯倡导的联盟，于1907年10月在慕尼黑成立，成员有艺术家、设计师、评论家和制造厂商等。穆特修斯受莫里斯及工艺美术运动的深刻影响，主张"联盟的目标在于创造性地把艺术、工艺和工业化结合在一起，并以此来扩大其在工业化生产中的作用"。德意志制造联盟的实践活动在欧洲引起了相当大的反响，带动了欧洲很多国家的工业设计。

这一时期的代表性设计师有：英国的查尔斯·麦金托什（1868—1928）（图2-16）、奥地利的奥托·瓦格纳（1841—1918）（图2-17）、比利时的家具和室内设计师亨利·凡·得·维尔德（1863—1957）（他于1906年在德国魏玛创立了"包豪斯"的前身魏玛工艺美术学校）。

（二）两次世界大战期间欧美现代家具（1914—1945）

1. 风格派

1917年在荷兰组成的一个由艺术家、建筑师和设计师为主要成员的集团，将画家蒙德里安等在绘画中创造的清新、自由的风格及空间几何构图应用于建筑、室内和家具设计中，并以集团创始人的美术理论期刊《风格》作为自己学派的名称。"风格派"接受了立体主义的新论点，主张采用纯净的立方体、几何形及垂

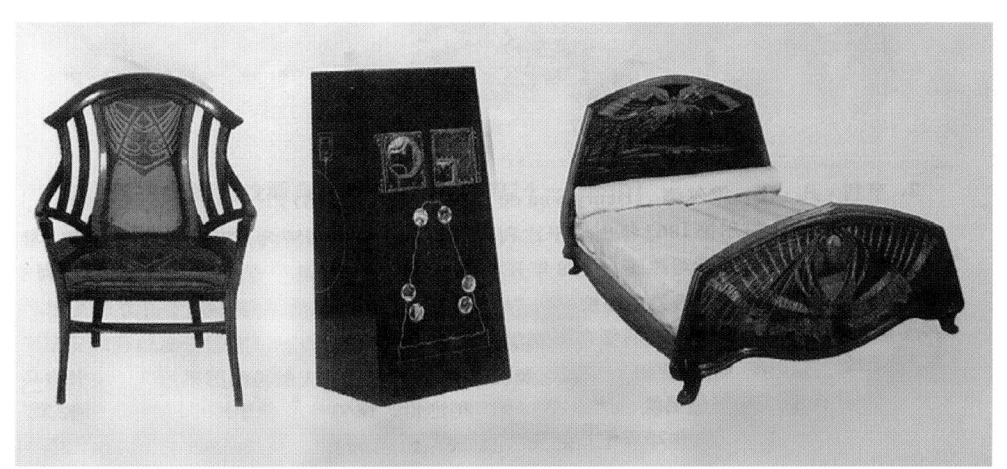

图2-15 新艺术运动时期的家具

图2-16 查尔斯·麦金托什
设计的家具

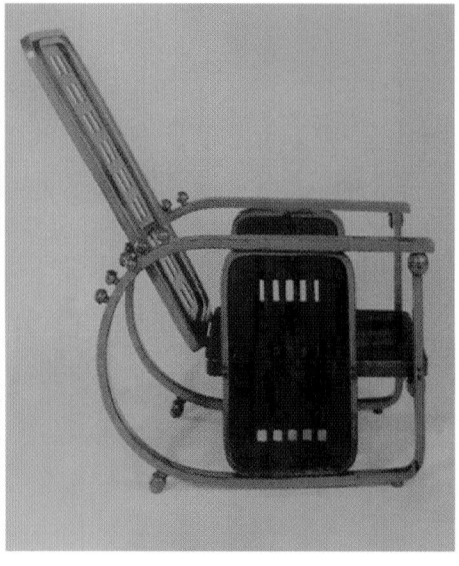

图2-17 奥托·瓦格纳及其学生霍夫曼设计的家具

图2-18 里特维尔德设计的风格派家具
"红蓝椅"

直成水平的面来塑造形象，色彩则选用红、黄、蓝等几种原色。1918年里特维尔德加入这一运动，并设计了其代表作"红蓝椅"（图2-18）。

2. 包豪斯

"包豪斯"是德国一所建筑设计学院的简称。它的前身是魏玛工艺美术学校，由格罗皮乌斯于1919年改组后成立。该学校新创造了一整套运用新技术降低成本并开发新功能的教学和创作方法。"包豪斯"的设计特点是注重功能和转向工业化生产，并致力于形式、材料和工艺技术的统一。"包豪斯"是现代设计教育的摇篮，它至今在设计领域仍有深刻的影响（图2-19至图2-21）。

（三）第二次世界大战后美欧日的现代家具

第二次世界大战后，世界由于处于战争恢复建设的和平年代，市场需求大，现代家具得到了迅速的发展。到20世纪50年代，已初步形成完整的现代家具体系。尤其是北欧现代家具的异军突起，美国、意大利、德国、日本的家具业也迅速恢复和崛起，形成了现代家具的大发展局面。随着战后塑料工业和有机化学工业的迅速发展，在新材料的开发和新工艺的应用方面，现代家具出现了革命性的突破。家具的格局演变经历了20世纪60年代的塑料年代、70年代的以自动化为标志的技术设计年代、80年代受后现代主义设计思潮影响

及孕育的新技术新观念的突破的年代。

1. 美国现代家具及代表人物

美国经济发达，国土辽阔，人们生活方式崇尚舒适自然（图2-22）。美国在自20世纪初以来的近百年时间里，家具进口及家具产值产量始终居世界第一，直至进入21世纪后被中国所取代。

"二战"期间，大批优秀的欧洲建筑师和设计师来到美国，促进了美国现代设计的大发展。在新的大陆，

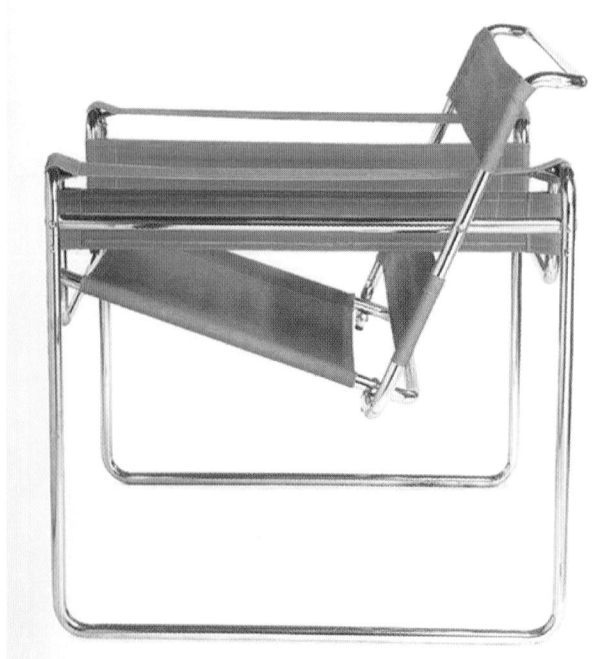

图2-19 马歇·布鲁尔1927年设计的不锈钢管和皮革材料的椅子

图2-20 密斯·凡·德罗设计的IBM大楼

图2-21 包豪斯学生秉承现代理念的家具设计

萌动于德国的包豪斯现代设计思想的火花在美国被点燃,并形成了燎原之势,这对于推动美国现代家具发展、使美国家具走向世界起到了巨大的作用。对美国现代家具的发展有较大影响的代表人物有:

(1)艾利尔·沙里宁(1873—1950)。他是芬兰建筑师,1923年来到美国后在底特律创办了克兰布鲁克艺术学院,创建了既具有包豪斯特点又有美国风格的新艺术设计体系,该学院成为美国现代工业设计师的摇篮,培养了一批优秀的设计师,成为美国工业设计界的中坚力量。

(2)查尔斯·伊姆斯(1907—1978)。他是"二战"后美国的一位多才多艺的天才设计师,他的作品充满创造力和灵感。他受过建筑学的教育,并精通家具设计、平面设计、电影制作、摄影和教育。1940年他与小沙里宁合作,创造了三维成型模压壳体椅,一举夺得1940年纽约现代艺术博物馆主办的"有机家具设计大赛"的一等奖。此后他又设计

了层压椅、钢丝椅、DAR壳体椅、金属脚椅等一系列家具,将一流的设计观念运用到与材料、技术和创新相结合的造型之中(图2-23、图2-24)。

(3)埃罗·沙里宁(1910—1961)。又称小沙里宁,是艾利尔·沙里宁之子。他1930年开始学习建筑,1940年与伊姆斯合作获大奖后又完成了系列柱脚椅的设计,其特色是将椅脚与坐面形成统一而完美的整体造型。他具有新时代的新精神,能出色地完成从大型建筑到细致精巧家具的各种设计工作。保持一种创造

图2-22 美国本土乡村风格的室内设计及家具

图2-23 查尔斯·伊姆斯夫妇

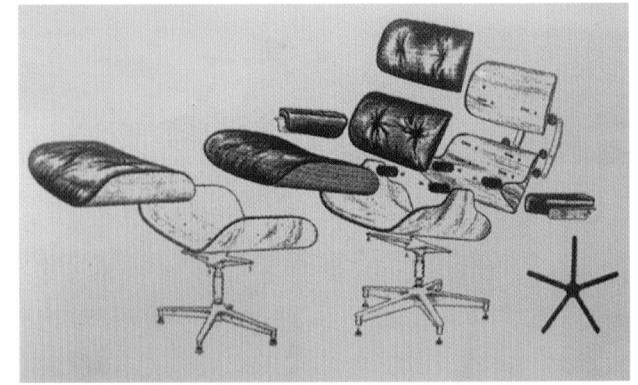

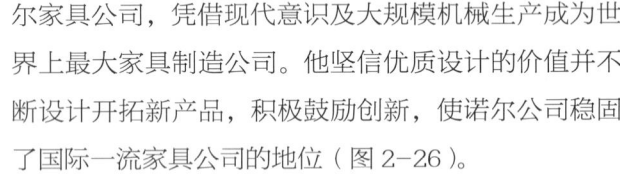

图2-24 被称为伊姆斯椅的经典设计及分解图

性思维和注重新材料和新工艺的运用是他的最大亮点（图2-25）。

（4）汉斯·诺尔（1914—1955）。汉斯·诺尔是美国著名诺尔家具公司的创始人，出身于德国家具制造商之家，与包豪斯有密切的合作并制作包豪斯的设计作品。"二战"后来到美国，1939年在纽约设立诺尔家具公司，凭借现代意识及大规模机械生产成为世界上最大家具制造公司。他坚信优质设计的价值并不断设计开拓新产品，积极鼓励创新，使诺尔公司稳固了国际一流家具公司的地位（图2-26）。

（5）米勒。米勒于1923年成立米勒家具公司，该公司于1931年开始由生产传统家具转为大批量生产制造伊姆斯、乔治·尼尔森等人的现代家具设计作品。自20世纪40年代起，米勒公司加大对家具设计与制造前沿技术难题研究的力度，如胶合板的三维成型、

图2-25 埃罗·沙里宁设计的现代家具

图2-26 美国诺尔公司参加家具展

塑料在家具上的应用、金属条自动点焊技术等，先后设计开发出一批家具杰作，如著名的椰壳椅、蜀葵椅、郁金香椅等（图2-27）。

此外，美国还有一批文化艺术机构也为现代家具在美国的落地和发展做出了贡献。如1929年成立的纽约现代博物馆，其致力于宣传推广现代设计，收藏现代家具设计经典作品，并举办设计竞赛和展览来推动现代设计在美国的发展（图2-28）。博物馆还与一些企业联手合作，将优秀的设计作品和新生产技术结合起来投入批量生产和销售，这其中最有代表性的是伊姆斯和小沙里宁的作品。美国历年来家具设计的创造业绩，无疑极大地影响了美国人的生活方式和审美取向（图2-29）。

2. 意大利现代家具及代表性人物

意大利现代家具在20世纪50年代进入发展期。它是在大企业、作坊及设计师密切协作的基础上发展起来的。优秀的传统文化是意大利家具发展的优势所在，并形成了以米兰和都灵为首的世界家具设计与制造中心，每年的米兰国际家具博览会已成为全世界家具业瞩目的竞技大会。意大利设计有着悠久传统，所创的品牌享誉世界。"我们不跟随时尚，而是创造时尚"是意大利家具设计的理念。它的成功经验是开发了一套融合研究、设计、开发、制造、市场、营销、展览等要素环节于一体的工业化系统。代表性的设计师有：

（1）吉奥·庞蒂（1891—1979）。他不仅是杰出的建筑师和设计师，还是教师和作家。他创立了现代意大利的设计风格，为意大利进入世界一流设计大国起了先驱者的作用。他以经典的轻体椅设计获得了第一届金圆规大奖。他吸收了北欧家具的精华，追求真正的形式

图2-27 美国米勒家具公司设计生产的办公家具

图2-28 纽约现代博物馆收藏的经典家具

图2-29 典型的美式风格室内设计及家具陈设

图2-30 吉奥·庞蒂设计的椅子

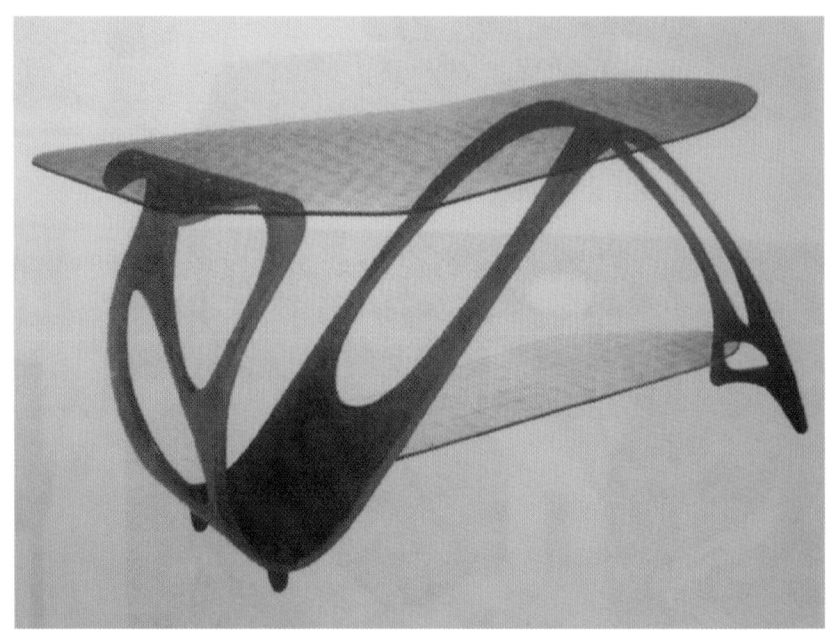

图2-31 卡西纳家具公司设计出产的现代家具

美，并和功能完美结合。在造型上偏重于有动感的线条和不对称的形体，形成了一种独特的、体现人类情感的造型形式和哲理精神（图2-30）。

（2）卡西纳兄弟。他们于1927年成立卡西纳家具公司。公司以"设计引导生产"的理念引领意大利现代家具的设计和生产潮流，拥有如科隆博、曼彻劳蒂等一批才华横溢的当代意大利著名家具设计师，发展了具有魔力般魅力的意大利线条独特风格的家具设计，形成了世界上著名的米兰家具设计与制造中心（图2-31）。

3. 法国现代家具及代表人物

法国曾经一度是欧洲的家具中心，对世界家具有很大影响。如巴洛克风格、洛可可风格的家具是公认的经典设计（图2-32、图2-33）。

图2-32 路易十六时期的涂金扶手椅

图2-33 法国经典的古典家具

法国的古典家具享有盛誉，但进入 20 世纪 60 年代之后，法国家具业与邻国相比明显落伍。为改变这种状况，自 20 世纪 80 年代起，法国总统弗朗索瓦·密特朗率先将爱丽舍宫等政府官邸中的古典家具改为现代家具，以示对现代设计的重视和鼓励，并出台了扶持现代设计教育的举措。至 20 世纪 80 年代中期，法国的现代设计逐渐进入国际先进行列，出现了一批现代家具设计精品。对法国现代家具发展有较大影响的设计大师和其作品有：斯塔克的普拉特椅、佩里昂的模压餐椅、穆尔格的人形椅等（图 2-34）。

4. 北欧现代家具及代表人物

有相同的生活方式的北欧四国从农业经济到快速工业化的过程中，奠定了中产阶级文化的基础。北欧是工业和福利高度发达的国家，森林覆盖率高达 60% ～ 70%，有丰富的木材资源。在家具制造上有世代相传的手工艺技术，表现在其家具上，呈现了敦实而舒适的淳朴风格。由于地处亚寒带，人们对住宅以及室内用品极为重视，经久保持着传统家具的设计风格，诞生了设计效果和工艺细节俱佳、享誉世界的斯堪的纳维亚家具设计风格（图 2-35）。

（1）丹麦现代家具及代表人物。丹麦家具设计传统可追溯到 450 多年前，1554 年即创立了家具协会，1770 年丹麦皇家艺术学院创建了家具设计学校，这是世界上第一所系统培养家具设计者的学校。丹麦现代家具有影响的设计大师有：

① 凯拉·克林特（1888—1954）。他是丹麦现代家具设计的大师和奠基人，早年学习建筑，此后专心从事家具设计。他从人体工学、人的心理、家具的功能这三个方面对家具进行研究，他的设计思想影响了北欧四国家具的发展。1924 年他开设了皇家艺术学院家具专业课。他特别强调木材的质感，把保持天然美作为一种追求，认为"将材料的特性发挥到最大限度，是任何完美设计的第一原则"（图 2-36）。

② 阿诺·雅各布森。他是克林特的学生，是使丹麦家具走向世界的设计大师。代表作有蛋形椅、天鹅椅、蚁形椅等，采用现代新型材发泡聚

图 2-34 法国的现代家具设计

图 2-35 北欧家具有淳朴、自然的风格

图 2-36 凯拉·克林特设计的软椅和躺椅

苯乙烯作壳体材料（图2-37）。

③汉斯·瓦格纳。他的家具设计是丹麦家具走向成熟的标志。虽身为设计大师，但他的动手能力不逊于其设计能力，在材料的认识运用、加工手段、结构造型等方面堪称一流。他在椅子设计上有突出贡献，作品为多个国家博物馆收藏。他对中国明清家具极为欣赏，并以此为借鉴原型，设计了许多新式的椅子造型（图2-38至图2-40）。

（2）芬兰现代家具及代表人物。芬兰设计注重功能性、简洁、理性及做工精致。设计师从大自然中汲取灵感，采用天然材料，其设计风格在世界上独树一帜。芬兰制造的生活和家居用品精致高雅，从传统到民族再到国际化是芬兰设计贯穿的发展路径脉络。芬兰现代家具有影响的设计大师有：

①阿尔瓦·阿尔托（1898—1976）。芬兰现代建筑和家具大师，在从事建筑设计的同时，亦倾心于家具设计。早在1928年他就开始做木材模压成型的各种实验。因受北欧层压木制滑雪板的启发，对层压板这一技术进行了深入持久的探索。他设计的诸如堆叠座椅和可折叠家具等深受好评。他把家具看成是"建筑的附件"。他的作品个性强烈，影响了芬兰一代设计师（图2-41）。

②约里奥·库卡波罗（1933— ）。芬兰国宝级的现代设计大师。很早就在家具设计

图2-37 阿诺·雅各布森的蚁形椅、蛋形椅

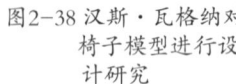

图2-38 汉斯·瓦格纳对椅子模型进行设计研究　　图2-39 汉斯·瓦格纳的微笑椅设计　　图2-40 汉斯·瓦格纳设计的有中国明式家具特点的椅子

图2-41 阿尔瓦·阿尔托和他设计的家具

方面表现出相当惊人的天赋，年轻时便屡获国际国内设计大奖，其获奖作品随后即投入生产，开创了广泛使用钢、胶合板及合成塑料的新型现代设计。库卡波罗设计的座椅等家具如人体一样柔美，他是国际上影响深远的设计大

师（图2-42）。

③艾洛·阿尼奥。他是当代最著名的设计师之一，20世纪60年代开始用塑料进行实验，做出了一个重要的创新，即告别了由支腿、靠背和节点构成的传统家具设计形式。与自然纹理木材相反，他用鲜明的、化学染色的人造材料使人们得到了很大的乐趣。阿尼奥的令人兴奋的塑料创意设计包括球椅（1966年）、香皂椅（1968年）和泡泡椅（1968年）（图2-43至图2-45）。

（3）瑞典现代家具及代表人物。瑞典是斯堪的纳维亚半岛中最早出现设计运动的国家。瑞典的家具特点是将材料特性发挥到最大限度。它运用灵巧的技法，从木材、编藤、纺织物、金属等材料的特殊质感中求取最完美的结合与表现形式，给人一种自然、舒适、亲切的视觉感与触觉感。我们从宜家家居的产品中即可看到瑞典现代家具的设计理念（图2-46）。瑞典现代家具有影响的设计大师有：

①卡尔·马尔姆斯腾（1888—1972）。他终身致力于手工及民间艺术的开发和研究，倡导成立艺术家和工匠相结合的手工艺及民间艺术学院。在他的影响下，瑞典形成了注重造型和精湛做工的家具设计路线，他被称为"瑞典现代家具之父"。

②古恩纳·阿斯普隆德。他设计的家具誉满瑞典，特别是1930年设计的钢与玻璃结构的展览大厅对年轻设计师们产生了极大影响。

③布鲁诺·马森。在设计生涯中，他积极地从研究人体结构、从姿势与家具的关系着手，全身心投入到椅子的设计中去。他利用胶合弯曲技术设计的外形柔美、使用舒适的椅子，成为瑞典乃至北欧家具的经典。他的设计原则：遵循功能主义的设

图2-42 约里奥·库卡波罗和他的椅子设计

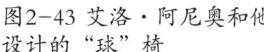

图2-43 艾洛·阿尼奥和他设计的"球"椅　　图2-44 艾洛·阿尼奥设计的"香皂"椅

图2-45 艾洛·阿尼奥设计的"泡泡"椅

图2-46 宜家具有北欧特色的书房家具设计

计原理，注重技术的开发与形式相结合。20 世纪 70 至 90 年代，他设计了许多金属家具，也对铝合金和塑料等材料在家具设计上的运用进行了积极的探索（图 2-47）。

此外，瑞典著名设计师还有鲍奇·林道、阿·诺伦、欧林、海格斯坦和拉斯·利立杰克维斯脱等（图 2-48 至图 2-51）。

（4）挪威现代家具及代表人物。挪威是北欧设计起步较晚的国家，采用天然材质的挪威民间传统家具设计和制作很有名望（图 2-52、图 2-53）。

20 世纪末，政府提出要改变挪威设计落后于北欧其他三国的现状。此后借鉴他国的成功经验，形成了挪威别具风格的现代家具，其设计开发后来居上（图 2-54、图 2-55）。

挪威在现代家具设计方面有影响的设计大师有：

①弗霄德·劳。他设计了大休闲椅及脚凳。

②维思·埃恩约森和简霄德。他们设计了胶合弯曲系列休闲椅。

图2-47 布鲁诺·马森设计的家具

图2-48 鲍奇·林道的现代家具设计

图2-49 阿·诺伦的现代家具设计

图2-50 欧林和海格斯坦设计组设计的现代家具

图2-51 拉斯·利立杰克维斯脱有强烈现代感的家具设计

图2-52 挪威传统的淳朴自然风格的民间家具

图2-53 胶合热压弯曲成型的家具材料及工艺
细节

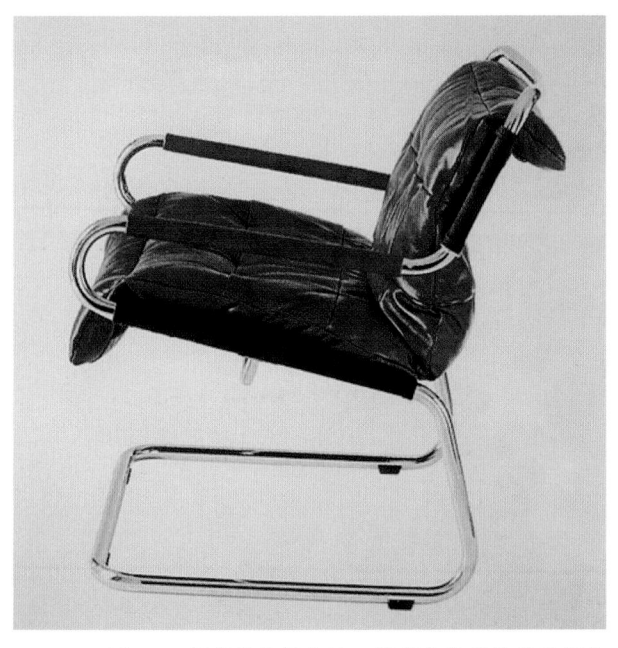

图2-54 挪威设计师希茄·勒赛尔设计的现代家具

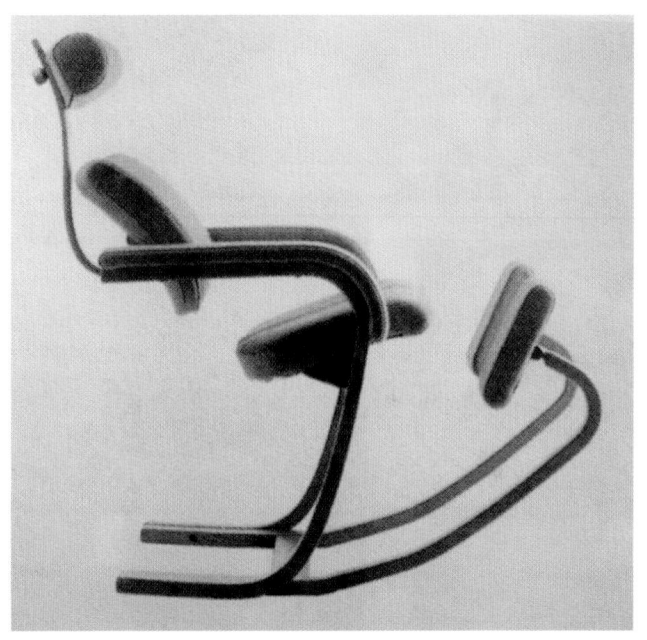

图2-55 挪威可缓解脊椎疲劳及减轻小腿压力的跪式椅设计

③彼得·奥布斯威克。他设计的平衡椅,要求变换坐姿,改变了传统习惯,是一种创造性设计(图2-56、图2-57)。

④英格玛·瑞林。他经过研究与实验,用胶合弯曲技术实现了木材难以达到的弯曲形态。

北欧家具之所以取得如此大的进步,受到世人的钟爱,究其原因,除了北欧人充分尊重自然资源及其属性,最大限度地用足材料的特性,满足人们对家具材料和质感的要求之外,还得益于他们大力提倡家具环保的理念和对无毒无害家具材料的研究开发,在家具制造中提高了优质材料的附加值并合理使用代用材。这些都归功于北欧人进取的实业精神,以及积极开发家具新科技与对工艺改进的不懈努力。另外,北欧人崇尚设计创新,结合工艺材料的创新不断推出新式精美的家具设计作品。

5. 日本现代家具发展及代表人物

日本是一个有独特文化的国度,现代设计的起步先是从学习和借鉴欧美设计开始。20世纪50至60年代是日本经济的起飞时期,为了打开国际市场,产品的设计主要靠模仿欧美并加以改良。自进入20世纪

图2-56 彼得·奥布斯威克设计的跪式办公椅

70年代后，日本经济进入繁荣发展的全盛时期，工业设计也得到了极大的发展，从模仿到改良，从改良到创造，逐步形成了日本特色的设计风格，日本也成为世界设计强国之一（图2-58、图2-59）。

对日本现代家具发展有较大影响的设计大师及其

图2-59 柳宗理设计的有日本传统习俗元素的起居家具

图2-57 彼得·奥布斯威克原创设计的平衡椅

图2-60 柳宗理设计的现代家具

图2-58 日本具有传统起居风格的现代家具设计

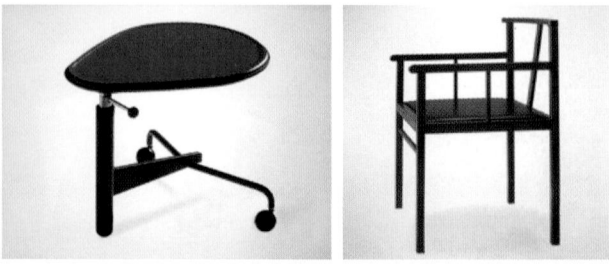

图2-61 喜多俊之设计的现代家具

作品有：柳宗理，其代表作是蝶形椅（图2-60）；川上元美；喜多俊之，其代表作是打盹椅（图2-61）；仓右四郎，其代表作是月光沙发等（图2-62）。他们为日本家具走向世界做出了杰出的贡献，并创造了一批世界现代家具的经典作品。日本现代家具在紧跟世界潮流的同时，没有放弃本国的优秀传统，使民族风格与国际新潮融为一体，这点特别值得中国同行借鉴和学习（图2-63）。

（四）20世纪70年代后面向多元的现代家具

20世纪70年代后，西方发达国家开始进入后工业社会，现代设计也开始走向多元化，自20世纪60年代中期起，国际上兴起了一系列的新艺术潮流，如波普艺术、欧普艺术、高技派与高情感派、后现代风格等，形形色色的设计风格和流派此起彼伏，促进了设计多元化的繁荣。对现代家具设计有一定影响的艺术潮流和流派有：

1. 高技派风格

以简洁的形体和新型材料及外观来表现技术美，作品如意大利马利奥·波塔的钢板网椅（图2-64、图2-65）。

2. 波普风格

力求表现自我，追求标新立异效果。波普即国际

图2-62 仓右四郎设计的"月亮扶手椅"

图2-63 日本现代仿生家具

图2-64 简洁和新材料体现的高技派风格

图2-65 高技派常伴随呈现质感坚硬的材质和光亮效果

图2-66 波普风格仿人体座椅

图2-67 丹麦设计师楠娜蒂兹尔以蝴蝶为灵感的家具设计

性的流行艺术。各国的波普形式不同，如意大利把沙发设计成嘴唇状、手套形或仿人体的形状（图 2-66）。

3. 欧普风格

盛行于美国，能造成视觉上各种不同的新奇的微妙错觉。欧普是一种光学艺术，可引起某种富于韵律和秩序的光效变化。在家具方面，受波普艺术风格的影响，装饰部位主要局限在家具的表面，其特点是能体现出具有浓厚情趣的效果（图2-67）。

4. 后现代风格

强调特殊的表现手法、异质特性的自我表达、注重情感及媒介交流的后现代风格家具设计，在后工业时代初期的欧美社会遇到合适的土壤并得到受众的认可。如标新立异的阿基佐默设计集团怪异的椅子设计、"孟菲斯"集团看重装饰因素的家具设计作品等（图2-68）。

（五）21世纪以来的家具发展趋势

进入20世纪90年代和21世纪，随着高新技术的全面导入和信息技术的发展普及，科技成果受益面提升。全球城市化进程的加快伴随着建筑业的繁荣，使得家具需求旺盛。进入新世纪以来，家具行业法规趋向完善，消费者更关注家具对人的健康的影响，设计更为关注人文关怀，家具设计凸显个性化，并风行多样风格融合的混搭风，家具产品及配套设计与

图2-68 "孟菲斯"设计集团后现代风格家具设计

健康环保成果、高科技信息技术及互联网相结合应是一个重要趋势。消费者将更关注性价比和健康，可持续的绿色需求将为家具行业整体上带来前所未有的发展机遇和挑战，这也是今后家具业发展壮大的方向（图2-69）。

四、中国历代家具发展及背景简介

中国是幅员辽阔、历史悠久、文化积淀深厚的国家。因地理气候差异较大，各地所使用的家具有不同的面貌和特点（图2-70、图2-71）。伴随着中国几千年文明的进程，中国家具也有着令人瞩目的成就，如有令西方惊羡、国人骄傲的"明式家具"，这是我们祖先给人类艺术宝库留下的一笔丰厚的文化艺术遗产。

我国古代不同的历史时期，各地因不同的习俗而生产出不同风格的家具。从夏、商、周至元、明、清到今天，已有4000多年的历史，在这一漫长的历史长河中，家具的发展变迁与其他国家一样，同样是跟随着社会经济、科技和文化的发展逐渐改变着自己的面貌。

（一）商周时代的家具

中国的起居方式，从古至今可分为"席地坐"和"垂足坐"两大时期。"席地坐"包括跪坐，可追溯到公元前17世纪以前，距今已3700多年。据考证，家具在商代已在人们的生活起居中被使用。已出土的青铜器"俎"和"禁"据推测是使用者坐于席上使用的家具。

（二）春秋战国、秦时期的家具

西周以后是奴隶社会走向封建社会的变革时期，

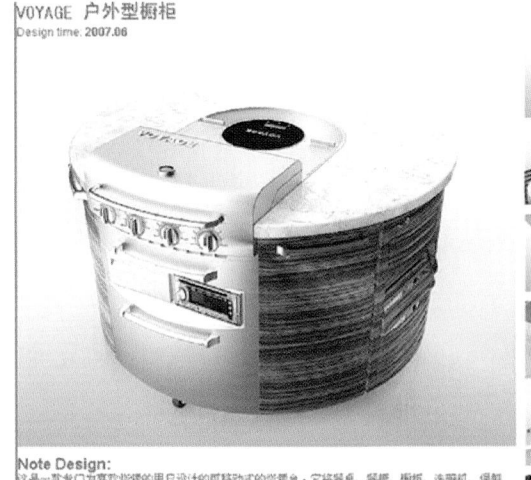

图2-69 贺承、周东获红点奖及IMM奖的户外烧烤台及厨房操作台设计

图2-70 中国乡镇家居厅堂的家具布置

图2-71 中国传统文人及乡绅住宅的家具和陈设

奴隶的解放促进了农业和手工业的发展，春秋时期还出现了著名匠师鲁班。虽然此时人们仍保持席地跪坐的习惯，但家具的制作和种类已有较大的发展。家具的使用以床为中心，还有漆绘的几、案、凭靠类家具。如楚墓出土的带几腿的漆俎、有栏杆的大床等。在家具的装饰上有彩绘的龙凤纹、云纹，和雕刻手法一起都反映了当时家具制作及髹漆技术的水平。

（三）两汉、三国时期的家具

西汉与西域诸国的经贸和文化交流很广，经济和商业的繁荣带动了家具业的发展。在家具的品种、功能上有了较大的变化，如几与案合二为一，出现了有围屏的榻，床前或床上设置几案，还出现了似柜橱的带矮足的箱子，装饰纹样增加了绳纹、齿纹、植物纹样以及几何纹样等。

（四）两晋、南北朝时期的家具

两晋、南北朝由于西北少数民族进入中原，导致长期以来跪坐礼仪观念的转变以及生活习俗的变化。此时的家具由矮向高发展，品种增加，造型和结构趋于丰富完善。西域传入的"胡床"已普及民间。高的坐具如椅子、凳等的使用使得垂足坐家具得到发展，人们可坐于榻上，也可垂足坐于榻沿；床也增加了高度，增加了两折或四折的围屏及床顶，床上设置长几。装饰纹样出现了佛教特色的火焰、莲花纹、卷草纹、飞天等（图2-72、图2-73）。

（五）隋、唐、五代时期的家具

隋、唐是中国封建社会发展的全盛时期。大运河的开凿贯通，促进了南北地区的物产与文化交流；农业、手工业、商业和对外贸易日益繁荣发达，国际文化交流也较为频繁。这一切都促进了家具业的发展。当时的唐代正处于两种起居方式交替阶段，因而家具的品种样式大为增加，坐具出现凳、坐墩、扶手椅和圈椅等，有大小不一的床榻，还出现了宴会场合用的长桌长凳。此外还有柜、箱、座屏、可折叠的围屏等。家具的材料已有紫檀、黄杨木、沉香木、花梨木、樟木、竹藤等。唐代家具造型简明、朴素大方，家具装饰手法多种多样，有螺钿镶嵌、金银绘、木画等工艺（图2-74）。

（六）宋元时期的家具

进入宋代以后的起居方式已完全进入垂足坐的时代，家具出现了不少新品种，如圆形、方形的高几、琴桌、床上小炕桌等。在家具结构上，梁柱式的框架结构代替了唐代沿用的箱形壸门结构，大量应用装饰性线脚，桌椅四足的断面形制多变。这些结构和造型上的变化，都为以后的明、清家具

图2-72 两晋时期的家具装饰

图2-73 南北朝时期的家具

风格的形成打下了基础（图2-75）。

宋代家具为适应新的起居方式，在尺度、结构、造型、装饰等方面都有显著的变化，由北宋李诫编写的《营造法式》中，制定的规范包括了木作、石作、砖作、泥瓦作、彩画作等13个工种，是我国建筑在设计、结构、用料、施工、管理等方面的重要文献（图2-76）。

（七）明代时期的家具

1. 明式家具形成的时代背景

明代是我国家具发展的繁荣兴盛时期。1368年明朝建立后，兴修水利，鼓励垦荒，使遭到游牧民族废弃的农业生产迅速得以恢复，手工业和商业也得以兴盛。明代的国际贸易通达东亚、南洋、中亚、东非、欧洲等地。至明朝中叶，手工业者和自由商人在社会中作用增强，加之有适宜的社会气候环境，曾出现资本主义萌芽，使经济得到了较快的恢复和发展，经济的繁荣使当时的建筑业、冶炼业、纺织、造船、陶瓷等手工业达到相当高的水平。一部建造园林的著作《园冶》出现于明末，明代家具也随着园林建筑

的大量兴建而得到大的发展。当时的家具配置与建筑有着紧密的联系，如厅堂、书斋、卧室等有了成套家具的概念。在建造房屋时，先要考虑家具的种类和式样及尺度等成套的配置因素，再决定建筑物的进深、开间和使用要求等。

随着经济的繁荣，明朝城市的园林和住宅建设也兴旺起来，贵族、富商们新建成的府第，需要装备大量的家具，这就形成了对家具的大量需求。明代的一批文化名人，热衷于家具工艺的研究和对家具审美的探求，他们的积极参与对明代家具风格逐渐的完善定形，起到了促进作用。

2. 明式家具的材料和制作工艺

明式家具使用的木材极为考究。明朝和出产优质木材的东南亚各国交往密切，贸易往来频繁，明式家具使用的木材如黄花梨、红木、紫檀、杞梓

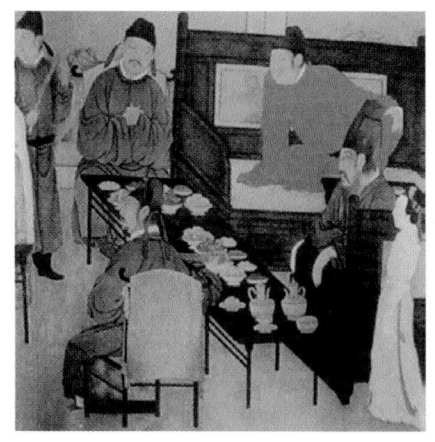

图2-74 唐朝时期的家具

图2-75 两宋时期的家具 　　图2-76 元朝时期的家具

（也称鸡翅木）、楠木等供应充足。由于家具是由这些硬质树种做成的，所以又称硬木家具。明式家具在制作时充分显示木材纹理和天然色泽，不加油漆涂饰，表面处理用打蜡或涂透明大漆的方法，这是明代家具的一大特色。

明式家具样式多，造型优美，做工精细，结构严谨，这与明代发达的工艺技术分不开。用硬木制成精美的家具，离不开先进的木工工具，有道是"工欲善其事，必先利其器"。明代冶炼技术已相当高超，能生产锋利的木工工具，如推刨、细线刨、蜈蚣刨等，锯型也有多种（图2-77）。

明代的能工巧匠有利刃在手，为多样的生活功能需求创造了不少新造型、新品种、新结构的家具。与我国木结构建筑一脉相承的是，明式家具也采用框架式结构，依据造型的需要创造了明榫、闷榫、格角榫、半榫、长短榫、燕尾榫、夹头榫、"攒边"技法、霸王撑、罗锅撑等多种造型结构，既丰富了家具的造型，又使家具坚固耐用（图2-78），虽经几百年，但至今我们仍能看到实物。

总体说来明式家具的制造水平是举世无双的，可用"简、厚、精、雅"这四个字来概括它的艺术特色（图2-79、图2-80）：

（1）简：造型简练，不堆砌，比例尺度相宜，简洁大方。

（2）厚：形象浑厚，庄重、质朴。

（3）精：做工精巧，曲直转折，严谨准确，一丝不苟。

（4）雅：风格典雅，不落俗套，格调高。

（八）清代时期的家具

1661年满族灭明建立清朝之后，采取了与明朝截然相反的政策。压制手工业和商业的发展，限制商品流通，闭关锁国，禁止对外贸易，致使明代萌发的资本主义遭遇摧残。

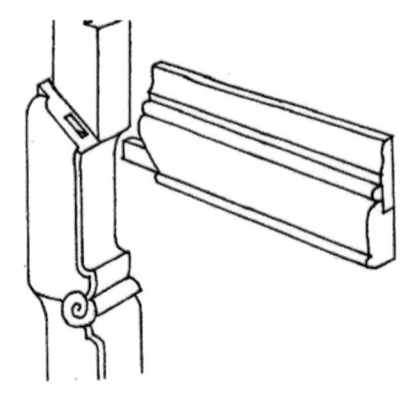

图2-78 家具的榫卯结构

图2-77 明式家具的装饰与雕刻工艺

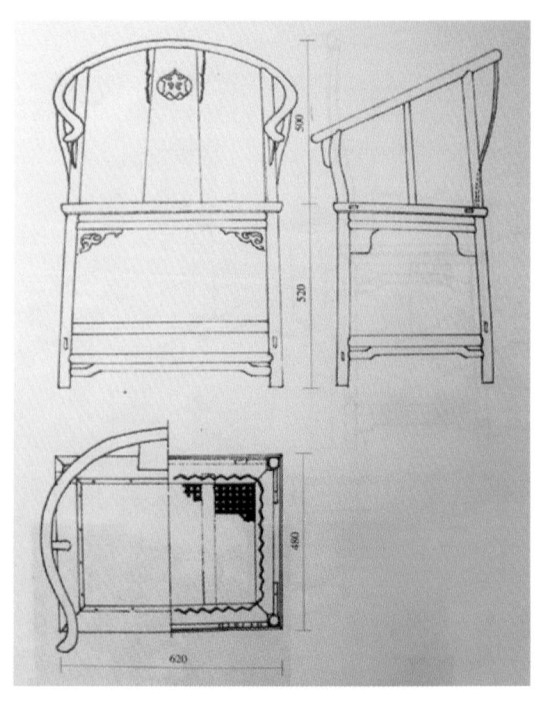

图2-79 尺度适宜、比例均称的明黄花梨圈椅

尽管如此，家具制造在明末清初仍达到我国古典家具发展的高峰（图2-81至图2-84）。中国家具专家王世襄认为，乾隆时期以前是传统家具的黄金时代。这一时期，苏州、扬州、广州、宁波等地成为不同地方特色的家具制作中心，分别为家具的苏作、广作、京作。苏作，大体继承明式的特点，不求过多装饰、重凿和磨工，制作者多为扬州艺人；广作讲究雕刻装饰，重雕工，制作者多为惠州海丰艺人；京作的结构用鳔，镂空用弓，重蜡工，制作者多为冀州艺人。

清代乾隆以后的家具，风格大变，在皇室宫廷及府第，家具已成为室内的重要组成部分及身份的象征。追求繁琐的装饰，利用陶瓷、珐琅、玉石、象牙、贝壳等做镶嵌装饰。特别是宫廷家具，吸收工艺美术的雕漆、雕填、描金等手法制成漆木家具。他们追求装饰，却

忽视和破坏了家具的整体形象，失去了材质的天然美及比例、色彩的和谐统一。此种趋向到清晚期更为显著。1840年后，清廷每况愈下，御用的宫廷家具业也不例外，走向衰败不振的境况。然而此时，社会上大量的民间家具制造业仍以实用和功能需求为主要追求，继续走在中式家具缓慢前行的道路上。

图2-81 清故宫太和殿宝座

图2-80 明黄花梨官帽椅

图2-82 清酸枝木架子床　　图2-83 清黄花梨透雕靠背玫瑰椅

图2-84 清红木龙纹条案

课程设计

此部分应着重让学生了解中外家具的历史演变及不同时期家具的流派和风格，学习前辈艺人和艺术大师是如何创造与工作的；了解家具发展的文化脉络，用中外优秀的家具文化遗产来启迪和拓展我们今天的家具设计与创造。

课程建议

1. 建议学生阅读有关中外家具发展史的书籍，教师讲授与学生动手相结合。可以通过临摹一批中外家具经典作品，对经典家具作品的设计和风格进行论述分析。

2. 参观考察历史博物馆、古建筑、古民居、古园林，着重了解历代建筑与艺术风格对家具设计及风格演变的影响，写出图文并茂的考察报告。

第三部分

家具材料与结构

JIAJU CAILIAO YU JIEGOU

一、家具材料

家具的样式之所以丰富多彩，应归功于种类繁多的制作材料。家具制品中使用最广泛也最为人们所熟知的材料首推木材，其次是金属和塑料。实践证明，充分地利用材料的性能，除了可以提高家具产品的质量，也更为符合功能的要求。所以在家具设计中，对新材料的开发与应用是提高产品功效和开发新功能的重要因素。家具的功能开发更是与材料的发展密切相关。比如在家具中适用的塑料材料出现后，其优良的理化性便很快得到设计师的认知和喜爱，如公共场合塑料家具的使用，大大地改善了服务的功效和质量，也提升了空间的品质。

家具制作材料除了与使用功能关联度高之外，更与家具的形态关系紧密。各种不同的材料具有不同的视觉特征，因而一旦材料被应用到具体的家具产品中，毋庸置疑会对这一产品产生直接的视觉影响。此外，不同的材料有着不同的加工方法和成型工艺，其设计必然会受到加工工艺的限制，这是家具设计师必须预先考虑的因素。

（一）木材

木材，是人们会自然想到的家具材质。因为千百年来木材作为家具制作所用的材质已深入人心，潜移默化地成为理所当然的家具用材。为什么人们最先想到的家具材质必然是木材呢？首先，是生活中长期的先入为主；其次，木材是一种与人最具亲近感的可再生的天然材料。木材表面的温度与人的体温接近，这在其他材料中是较为少见的。树木让我们感觉到森林的芬芳，而温暖和清新是人类都希望能够拥有的气氛和感受。所以它成为最受人们喜爱的家具材料就不足为奇了（图3-1、图3-2）。

木材是一种容易进行加工的材料，可以用切、锯、刨、雕刻、砂磨等方法进行加工造型。现在随着住房逐步得到改善，我们大家都会因家庭装修或多或少地接触木材和了解其加工方式。相比之下，因为较难了解加工过程和加工设备，人们对金属和塑料、玻璃等材料的认识相对显得浅薄一些。

可用来制作家具的木材很多，但消费者要真正对木材的好坏进行鉴别就有些困难。作为天然木材，它有自然的花纹、温暖的触感、较高的强度和便于加工等优良的性能，这些优点让木材在人们心目中颇受推崇，成为人们最乐意选择的家具原料（图3-3）。利用木材原料加工的人造板材，也以低价位、易用不变形等特质成为家具制造重要的材料之一。随着材料加工技术的进步，人造板材在表面观感上与原木的距离越

图3-1 木质家具给人以自然的纹理

图3-2 木质的家具有宜人的触感和温度

图3-3 木材质地柔和，是与人最亲和、亲近的天然材料

图3-4 信阳出土的战国漆俎

来越小，从而在市场上很受消费者喜爱。

木材在我国家具上的应用可以追溯到商周时期的"俎"（图3-4）。此后的木制家具在形态和用途上逐渐地丰富起来，发展到明清时代达到了顶峰。明式家具的制作是以优质的硬木为主要材料，明中期以后，更多地选用花梨、紫檀等品种的木材。明硬木家具到了崇祯年间，形制、工艺、装饰、用材等都日趋成熟。大量进口的硬木木料如紫檀、花梨、红木得到上层社会和文人雅士的喜爱，其中色泽淡雅、花纹美丽的花梨木更成为制作高档家具的首选材料。国产的铁力木、榉木，北方的高丽木、核桃木等大量柴木也得到广泛使用，另外，还有用于装饰的黄杨木和瘿木，以及专做箱柜的樟木等都被广泛使用。下面将多种常见的木材及其特性列举简述如下：

1. 按材质分类

（1）紫檀木。紫檀是世界上最名贵的木材之一，它木质坚硬，纹理纤细浮动，尤其是它的色调深沉美观，稳重大方。紫檀木主要产于南洋群岛的热带地区，其次是越南。我国广东、广西也产紫檀木，但目前存量较少。

紫檀木分很多种，真正意义上的紫檀木只有一种，那就是"小叶紫檀"。明代皇家开始大规模采伐紫檀。由于国内存量稀少，即派官吏赴南洋采办储备。到明末清初，全世界所产紫檀木的绝大部分都汇集到中国。因紫檀生长缓慢，须数百年才能成材，资源逐渐枯竭。

在硬木中，紫檀木质地最为细密，木材的分量最重，入水即沉。紫檀家具在中国家具等级排名中历来是比较靠前的，明、清两代只有皇帝才能使用。也只有皇家才有能力到南洋采办紫檀木或能得到各国的进贡（图3-5至图3-7）。

（2）老红木。人们之所以要在红木前加上"老"字，是因为要与我们现在所谓的"红木"有所区别。

老红木，广东多称"红酸枝"，长江以北则称为"老红木"。老红木的木质与颜色相似于小叶紫檀，年轮纹都是直丝状，鬃眼比紫檀大，颜色近似枣红色。其木质坚硬、细腻，可沉于水，一般要生长500年以上才能使用。它区别于其他木材的最明显之处在于其木纹在深红色中常常夹有深褐色或者黑色条纹，给人以古

图3-5 金星紫檀

图3-6 鸡血紫檀雕塑

图3-7 紫檀材质的桌案

图3-8 用老红木制作的托盘

图3-9 用酸枝木制作的家具及细部

色古香的感觉（图3-8）。其制作工艺与紫檀木一样，最后的工序是烫蜡、摩擦蜡，免用漆。

（3）酸枝木。酸枝木有多种，为豆科植物中蝶形花亚科黄檀属植物。在黄檀属植物中，除海南岛降香黄檀被称为"香枝"（俗称黄花梨）外，其余皆属酸枝类。酸枝木大体分为黑、红和白酸枝三种，它们的共同特性是在加工过程中发出一股食用醋的味道，醋味有浓有淡，故名酸枝。广东一带称此木为"酸枝"，长江以北多称"红木"。"红木"之名严格地讲是社会上对此种木材的笼统名称，并非专业用语。

在黄檀属木材中，有不少材种的颜色呈紫黑色或紫红色，其硬度也不亚于紫檀木，有的甚至可以和紫檀相媲美，不失为传统家具的上等美材（图3-9）。

三种酸枝木中，以黑酸枝木最好。其颜色由紫红至紫褐或紫黑，木质坚硬，抛光效果好。有的与紫檀

木极接近，常被误认作紫檀。

红酸枝纹理较黑酸枝更为明显，纹理顺直，颜色大多为枣红色，色泽含蓄中见艳丽富贵。

白酸枝颜色较红酸枝要浅得多，色彩接近黄花梨。

（4）黄花梨木。黄花梨木质本身的纹理有自然美感，给人以文静、柔和的感觉。色彩鲜丽，由浅黄到紫赤，纹理清晰美观。我国海南、广东、广西有少量黄花梨树种，目前，家具制造的黄花梨木大批量需靠进口。我国唐代《本草拾遗》中就有用花梨木制作器物的"榈木出安南及南海，用作床几，似紫檀而色赤，性坚好"的记载。明代比较考究的家具多为老黄花梨制成。在众多花梨品类中，最好的属海南黄花梨，又称降香黄檀（图3-10、图3-11）。

分辨黄花梨木的真伪，感官上的特征有以下几个：黄花梨本身是中药，有香味；市场上常见的越南、缅

图3-10 黄花梨

图3-11 海南黄花梨制作的圆包圆画案

甸产所谓"黄花梨"，纹理层次较乱，丝纹极粗，木质不硬，色彩也不如海南黄花梨鲜艳，易混淆；黄花梨木呈现没规则、美丽结疤的鬼脸图案。

（5）鸡翅木。鸡翅木又称"杞梓木"。鸡翅木有新老之分，新鸡翅木木质粗糙，纹理浑浊不清；老鸡翅木肌理细腻，有紫褐色深浅相间的蟹爪纹。鸡翅木较花梨、紫檀等木产量更少，木质纹理又独具特色，仅从家具的木质纹理因素而论，排名应首推鸡翅木。其以存世量少和特有的韵味为世人所珍爱（图3-12）。

（6）铁力木。铁力木产于我国广东，木性坚硬而沉重，呈黑紫色。因其料大，所以用它制作大件家具较多。铁力木材质坚重，色泽纹理与鸡翅木相差无几，不仔细看很难分辨。用铁力木制作的家具经久耐用（图3-13）。

（7）楠木。楠木是一种极高档的木材，色泽浅橙黄略灰，纹理淡雅文静，质地温润柔和，无收缩性，遇雨有阵阵幽香。现北京故宫及京城上乘古建多为楠木构筑。楠木不腐不蛀有幽香，皇家藏书楼、金漆宝座、室内装修等多为楠木制作。楠木视其质地有如下称呼：金丝楠、豆瓣楠、香楠、龙胆楠（图3-14、图3-15）。

（8）榆木。榆木是中国北方做家具最常用的木材。榆木有20多个品种，北方榆木鬃眼疏密渐变较为分散，木色发黄白；南方榆木鬃眼细密集中成线，质坚色红；东北榆木常有细密分布的砂粒状小斑点。榆木不易干，容易开裂。榆木的强度中等，耐腐朽，易加工。

（9）樟木。樟木在我国江南各省都有，台湾、福建盛产。树径较大，材幅宽，花纹美，尤其是有着浓烈的香味，可使诸虫远避。木器行内人士将樟木依形

图3-12 鸡翅木

图3-13 铁力木

图3-14 楠木

图3-15 用金丝楠木雕刻的家具细部

图3-16 用樟木制作的储衣箱柜

态分为红樟、虎皮樟、黄樟、花梨樟、豆瓣樟、白樟、船板樟等。樟木制作储衣、物的箱柜可防虫蛀。樟木材质比较轻，不易变形，加工容易，切面光滑，有光泽，耐久性能好，胶接性能好，但容易爆裂，油漆后色泽美丽（图3-16）。

（10）黑檀木。柿属植物，俗称风车木，主要产于亚洲热带地区，如苏拉威西、菲律宾。黑檀木的芯材与边材区别明显，边材白色（带黄褐或青灰色）至浅红褐色；芯材黑色（纯黑色或略带绿玉色），或不规则黑色（有深浅相间排列条纹）。结构细密而均匀，耐腐、耐久性强，材质硬重、细腻，是一种十分稀少的珍贵家具及工艺品用材。木材有光泽、无特殊气味。黑檀木千年成材，质地坚硬厚重，色调沉稳优美，条纹排列清新雅丽；制成家具后，表面细腻柔滑，光润如玉（图3-17）。

（11）核桃木。核桃木为家具的上乘用材，核桃木的木质好，色泽为浅黑褐色，有油亮的光泽。其质细腻，易于雕刻，特别是涂色或是涂油后，纹理更是自然丰满，与花梨木的木质纹理有很多相近的地方。因为质感和硬度适合雕刻，尤以抽屉面、椅子的靠背、床栏的围板进行雕饰为多（图3-18）。

（12）榉木。在中国，榉木主要集中生长在江苏、浙江和安徽。工匠称其纹理为"宝塔纹"。榉木木材较为坚硬。工匠常把榉木分成三类：黄榉、红榉和血榉。

欧洲榉木，又称山毛榉，汽蒸后弯曲性能特别好，节疤和不规则的纹理分布比较均匀，硬度中等，抗劈裂强度高。将山毛榉树的木条蒸软后，再"织"成一张椅子，是意大利顶级家具品牌卡佩里尼把家具制作提升到艺术品层次的杰作。

榉木一般主要制作柜类家具、实木家具、书桌、椅子等，榉木常用作饰面单板，着胶、着色易，表面油漆效果佳（图3-19）。

（13）柚木。柚木材质坚实，耐久性好。其膨胀收缩为所有木材中最小者之一。柚木具有高度耐腐性，

图3-17 黑檀木及黑檀木家具

图3-18 核桃木

图3-19 红榉　　　　　　　　　图3-20 柚木　　　　　　　　　图3-21 柏木家具

在各种气候下不易变形、易于加工等多种优点，故适于制造船只甲板（图3-20）。

（14）柏木。柏树结构细密，材质好，坚韧耐用，有沁人心脾的幽香，可以入药和安神补心。在建筑、桥梁、舟车、器具、家具等领域都有广泛应用。柏木制作的家具具有特有的柏木清香，防潮、防蛀，色泽温润，木质细腻。柏木制作的家具经久耐用，但外观上的疤痕较多（图3-21）。

（15）楸木。楸木色暗质松软，少光泽，但其收缩性小，是适合做门芯、桌面芯的材料，常与高丽木、核桃木搭配使用。它与核桃木的区别要点是重量轻、色深、质松、鬃眼大而分散。楸木多用于制作柜、几类家具（图3-22）。

（16）桦木。桦木属中档木材，质略重而硬，结构细致，富有弹性，木质细腻，淡白微黄。桦木较易发生翘曲及干裂且耐腐性较差，但胶接性能好，切削面光滑，油漆性能良好。适合作胶合板、细木工板等用材。速生是桦树的特性（图3-23）。

（17）杨木。杨木亦称"小叶杨"，比桦木轻软，是我国北方常用的木材，其质细软，性稳定，较廉价。

常作为榆木家具的附料和大漆家具的胎骨在古家具上使用（图3-24）。

（18）松木。松木为高大的乔木，生长通常较快，木材蓄积量多，为建筑用材和工业用材的主要来源。家具用松木，材质松软，易于加工，变形也小，但较易腐朽。中国古代仅将其用作髹漆家具和硬木包镶家具的胎骨。

现代北欧人神奇地将松木的特性发挥至极致，并极力推广松木家具。他们将松木天然朴实质感的家具融入家居环境。在使用环境中松木的纹理清晰自然，效果素雅纯净，较为环保。它的红褐色的表皮质地以及树节淡黄色的疤节都有着不规则的美感。因为松木含有树脂，很难黏合，一般使用螺钉等方式连接（图3-25）。

（19）橡木。也称栎树，耐寒冷，橡木材质坚硬，不易变形，是制作家具的好材料。橡木材质可分为红橡、白橡，欧洲白橡纹理优雅，北美红橡木有大山纹，可制高档欧式家具。橡木家具的优点是有比较鲜明的山形木纹，有良好的质感；缺点是质地硬沉，水分脱净比较难（图3-26）。

图3-22 楸木　　　　　　　　　图3-23 桦木　　　　　　　　　图3-24 杨木

图3-25 松木及用松木制作的家具 　　　　　　　　　　　　　　　　　图3-26 橡木地板

（20）泡桐。泡桐木材纹理通直，板材光洁，结构均匀，不挠不裂，易于加工；隔潮性好，不易变形；声学性好，共鸣性强；不易燃烧，油漆染色良好；不变形、不虫蛀，多用于家具制作的镶嵌板材，也是乐器制作用材（图3-27）。

（21）枫木。枫木色泽浅黄，有小山纹，最大特征是局部光泽明显，一般为平直木纹。枫木按硬度分两大类：一类是硬枫，亦称为白枫、黑槭；一类是软枫，亦称红枫、银槭等。软枫的强度要比硬枫低，在使用面及价格上硬枫优于软枫。由于颜色协调统一，常用于制作精细木家具、高档家具和室内装饰。枫木凿击和削切性能很好，胶粘和加固容易，握钉和开榫性能良好，极不易碎裂；上色效果较为均匀，砂磨和抛光的性能好。

枫木的物理性能为重量、硬度和强度中等，弯曲性、韧性、抗震性能、抗腐蚀性均低，但抗压强度较高（图3-28）。

（22）樱桃木。进口樱桃木主要产自欧洲和北美，木材浅黄褐色，纹理雅致，弦切面为中等的抛物线花纹，间有小圈纹。樱桃木是高档木材，做家具通常是用木皮，很少用实木（图3-29）。

（23）水曲柳。木质较硬，纹理直，结构粗，花纹美，耐腐、耐水性好。易加工但不易干燥，韧性大，胶接、油漆、着色性能好，木材有良好的装饰性能，是家具与室内装饰用得较多的木材（图3-30）。

（24）椴木。椴木材质较软，有油脂，耐磨、耐腐蚀，不易开裂，木纹细，易加工，韧性强。适用范围比较广，可用来制作木线、细木工板、木制工艺品等装饰材料。

椴木机械及手工工具加工性良好，是一种上乘的雕刻材料。钉、螺及胶水固定性能好；经砂磨、染色及抛光能获得良好的平滑表面；干燥较快，且变形小。椴木重量轻，质地软，强度比较低（图3-31）。

（25）杉木。杉树种类极多，一般生长在海拔2000米以上，常用来做建材，杉木材质的集成板在装饰上用得较多。一些硬度较强、密度较高、肌理较均匀的杉木品种也被用来制作家具。杉木呈浅黄褐色，纹理直，强度好，但不耐潮湿或虫蛀（图3-32）。

（26）愈疮木。又名青木、圣檀木、铁木。产于中美洲西印度群岛和南美洲热带地区。该木材新切面清香扑鼻，锯解时芳香四溢，干燥不易，加工后木材表面油性较强，光泽耀眼。

愈疮木除了有消炎、麻醉、定香剂等作用外，国

图3-27 泡桐 　　　　　　　图3-28 枫木 　　　　　　图3-29 樱桃木　图3-30 水曲柳材质的木凳

图3-31 椴木

图3-32 杉木集成板

图3-33 愈疮木

内一般多用于佛珠、佛像、文具及家具制作（图3-33）。

（27）黑胡桃木。胡桃木的芯材从浅棕到深巧克力色，树纹一般是直的，卷曲树纹较少。胡桃木易于用手工和机械工具加工，适于钉、螺接合和胶合；可以持久保留油漆和染色，干燥得慢，有良好的稳定性。

胡桃木是密度中等的结实硬木，抗弯曲及抗压度中等，韧性差，有良好的热压成型能力。芯材抗腐能力强，即使在易于腐蚀的环境里也是最耐用的木材之一。胡桃木主要用于做家具、橱柜、建筑内装饰、高级细木工产品、门、地板和拼板等（图3-34）。

（28）乌木。乌木是四川人对阴沉木的俗称，又称"炭化木"。主要分布在四川盆地边缘的四条大江及其支流区域。大多数乌木的年代为距今两千多年至四万年之间。乌木历经岁月沧桑，使其天然形状怪异、古朴、姿态万千。形成乌木的原树种类繁多，如麻柳树、香樟树、楠木、红豆杉等。一般带有香味和杀菌特征的树种才能形成乌木。乌木木质坚硬，多呈褐黑色、黑红色、黄褐色。其木纹细腻，切面光滑可达镜面效果，不褪色、不腐朽、不生虫，是制作艺术品、仿古家具

的理想之材（图3-35）。

（29）沙比利木。也称红影木，产于非洲。木纹交错，有时有波状纹理，疏松度中等，光泽度高。它的重量、弯曲强度、抗压强度、抗腐蚀性中等；韧性、蒸汽弯曲性能较低；较易加工，上漆表面处理效果良好。可制作普通和细木家具、装饰单板及镶板、地板、门、楼梯和钢琴面板等（图3-36）。

2. 按形态分类

木材按形态可以分为实木板材、实木方材、实木曲木和人造板材。

（1）实木板材。板材一般是指矩形断面的宽度与厚度比大于3的原料（图3-37）。板材容易加工、运输、拆装，因此运用最为广泛。就功能来说，大多数的柜面、桌面、椅面甚至门面都是板材制成的。板材根据材料分为实木板材和人造板材。

实木板材家具的做法采用传统工艺，极少使用钉、胶等，是相当环保的材料，制造出的家具对人体健康几乎没有损害。但实木板材对加工工人的技能要求较高，在生产过程中，实木板材应该经过蒸煮、杀虫及

图3-34 黑胡桃木

图3-35 乌木原树材及古朴姿态

图3-36 沙比利木制作的吉他

图 3-37 实木板材及用实木板材制作的长凳

烘干等处理。使用未经处理的木材，会有虫害（主要是白蚁）的隐患。

（2）实木方材。矩形断面的宽度与厚度比小于3的实木原料叫作方材。方材分为直型方材和弯曲方材两种。方材有很好的承受压力的能力（图 3-38、图 3-39）。

（3）实木曲木。曲木家具因为它的流线外形，被许多消费者青睐。曲木实际上是一种经过特殊加工的木材。木材可以依靠本身的厚度与被弯曲的半径不做任何处理而弯曲。以前，实木的主要弯曲方法是切槽法或蒸汽弯曲法。切槽法是传统的使板材变得柔软的方法，通过在木材上开槽即使再坚硬的材料也可以制作可变化的形状。另外，曲木还可以通过三面数控切割工艺制造出来。之后，电脑数控机床的运用使特殊形状的部件不再受材料的限制。随着人造胶合板曲木技术的普及，很多的设计师都改用胶合板曲木设计家具（图 3-40、图 3-41）。

现在生产曲木家具的典型技术和材料还有易弯木。其原理是，木材在 60 吨的水力冲压机的作用下，细胞壁被压缩成折叠式，折叠式的细胞结构使木材富

图3-38 实木方材

图3-39 用实木方材及板材制作的家具

图3-40 经过加工处理的弯曲木

图3-41 胶合板热压弯曲成型家具及实木弯曲家具

有弹性。这种方式可以将大部分温带的硬木变成易弯木。

（4）人造板材。实木作为家具制作的材料，具有以下不易克服的缺点：吸湿性——木材在自然条件下有湿胀干缩的特点；各向异性——木材在各个方向的力学性能上有很大差异；锯材宽度受原木直径的限制，并有如节子等天然缺陷。而人造板材作为标准的工业板材，克服了天然木材的缺点，为家具行业带来了革命性的变化，使家具进入了工业化生产的时代。

人造板材家具是指以人造板为基材部件，主要制作以专业的五金连接、便于拆装的家具。人造板材幅面比较大，同一种板材还有不同幅面的尺寸规格。人造板的优点是质地均匀，表面平整，变形小，有利于生产加工，利用率高。制作板式家具的工业板材一般有以下几种：

①胶合板。胶合板是由原木旋切成单板或由木方刨切成薄木，再用胶粘剂将多层薄木胶合而成，并与相邻层单板的纤维方向互相垂直排列胶合，目的是增加强度、减少变形。常见为3～21层薄木（厚度为2～27mm）。通常为奇数层单板。多层胶合板在家具制造和室内装饰装修中被大量使用，并可做异形形态如弯曲弧形、球形等曲面的形态（图3-42）。

胶合板的特点是重量轻、强度高、绝缘性好，并可克服天然材不可弥补的诸如节子多、易变形等一些缺陷。其次，胶合板可节约和合理利用天然原木。每1立方米胶合板可代替约5立方米原木锯成板材使用。而生产胶合板可产生近1.5倍的剩余物，它们都是生产中密度纤维板和刨花板较好的原料。

胶合弯曲工艺在现代家具设计制造中用途广泛。在胶合板的众多产品中，采用薄板胶合弯曲工艺还可以制出多面弯曲等形状复杂的部件，制品轻便美观，广受欢迎（图3-43）。

②刨花板。普通刨花板也称碎料板，是将木材加工剩余物、小块木、木屑等切削成一定规格的碎片，

图3-42 胶合板

图3-43 用弯曲胶合板工艺制作的家具

图3-44 表层贴装饰面板的刨花板

图3-45 定向刨花板材

图3-46 由成都家具设计公司设计的定向刨花板椅子

其工艺有机械粉碎、水煮再碎、蒸汽爆破再碎等，然后进行干燥，拌以胶料、硬化剂、防水剂等，在一定的温度、压力下压制成的一种人造板。一般而言，刨花板在所有的木质板材中，成本较低，因此很多家具都用刨花板作为基材，如办公室、厨房、系列家具及组合家具等。刨花板的板边缘在使用中须做实木镶边或木单板封边等工艺处理（图3-44）。

刨花板的优点主要是：表面平整均匀，厚度误差小，耐污染、耐老化，可进行各种贴面；有良好的吸音和隔音性能；结构均匀稳定；加工性能好，可按照需要加工成较大幅面的板件。刨花板的质量好坏主要看密度、胶合程度和环保性能。

刨花板的缺点是：抗弯性和抗拉性较差，密度疏松易松动。

市场上有一种引进国外技术生产的一次成型的定向刨花板新产品，可用它来制造刨花板家具及作为面板应用于室内装修，甚至建造房屋。该产品优于普通刨花板的最大特点是环保性好，密度高，强度大，易于加工，可直接作为面材使用，而无需单板封边的工艺处理。此新产品代表了其今后的使用趋势和发展方向（图3-45至图3-47）。

③纤维板。纤维板是以木材或其他植物纤维为原料经施胶、加热、加压而制成的人造板，根据密度的不同，可分为硬质纤维板、半硬质纤维板和软质纤维板三种。其中半硬质纤维板又称为中密度纤维板，在民用板式家

图3-47 室内装修用定向刨花板

图3-48 硬质纤维板

图3-49 半硬质纤维板

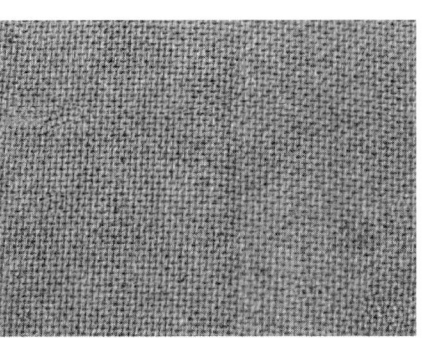
图3-50 软质纤维板

具生产中运用最为广泛。中密度纤维板常用的幅面尺寸与刨花板类似，有3～25mm不等10种以上的厚度。中密度纤维板的密度与一般的木材相似，且板材的边缘光滑，可实施切、削、刨等处理，材料表面经实木单板贴面后，纹理如同实木板材。在家具制作用材中被用于制造如茶几面、橱柜门板等，是很常见的一种材料。轻质纤维板一般只在室内装修或建筑业上作为吸音或隔热材料使用。而硬质纤维板也被作为橱柜的背板使用（图3-48至图3-50）。

④细木工板。细木工板现在是家具制作、装修中的基本用材，它的结构是一面为比较好的薄胶合板，另一面稍差，中间是碎木块。细木工板的质量优劣主要看中芯层稳定性好的碎木块拼合是否致密，越密越好，越密越能有效防止变形。缺点是：因多种杂木组合在一起，杂木的密度差别较大，易产生变形；含水率较高，甲醛含量较高；细木工板裸板不经封闭处理不能直接使用（图3-51）。

⑤空心板。空心板是用空心木框或带有少量填充物的木框做成的芯板，如网络型、纸质蜂窝型、瓦楞夹型、聚苯乙烯泡沫型等，表面加贴胶合板。因此与细木工板的区别只在于其芯板是空心的。空心板重量轻，一般只有280～300kg/m³，而且变形小，尺寸稳定性好，强度能满足一般木制品生产的需要（图3-52）。

⑥集成材。集成材是由除去木材缺陷的短小方木或木材的切削余料指接成一定长度后，再横向拼宽或拼厚胶合而成的一种材料。因其未改变木材本身的结构特性，仍是一种天然木材，不仅具有天然木材的质感，材质均匀，无天然木材的缺陷，而且物理性能优于天然木材，是一种人造板的新型板材。集成材也是实木，有时也称作指接板，指接板由多块木板拼接而成，上下不再粘压夹板，由于竖向木板间采用锯齿状接口，类似两手手指交叉对接，故称指接板。外表用木蜡油涂刷以防止变形。使用集成材的意义是提高了木材的综合利用率和附加值，缓解了木材的供需矛盾，绿色环保（图3-53）。

图3-51 细木工板

图3-52 空心板及其内部结构

图3-53 集成材指接板连接原理及其结构

（二）金属

1. 适用于家具的金属种类

（1）钢材。钢的发明和使用构成了人类文明发展的重要基石。钢材有着优良的物理及化学性能，目前，在家具制造领域尚无其他材料可替代钢材。钢的成分除有50%的铁之外，另一主要元素是碳。碳含量越多，钢的硬度和强度就越大。但钢材的延展性会随着碳含量的增加而降低。钢系列中包含碳钢，各种合金钢、不锈钢以及工具钢等。钢也可以通过与其他金属制成合金以增加物理性能，如铅可以增加钢的可加工性；钴在高温条件下可增加钢的硬度；镍与钢制成的合金具有很好的韧性（图3-54）。

（2）铝合金。铝使用的历史较短。它有延展性良好、质量轻、抗腐蚀强等优点。针对铝的独特功效和优点，工程师开发出包含上述优点的各类铝合金产品。铝的衍生产品数量之多是其他有色金属不可比拟的，铝合金产品的社会需求量非常大。铝合金成为极好的家具制造原材料，缘于它独特的性质，如图中的椅子看起来很像不锈钢材质，实际上是用铝合金制成的。铝合金在重量极轻的家具中作为附件主要用于连接件、五金支脚等方面（图3-55）。

（3）铸铁。铸铁使用在家具产品中有一种凝重而怀旧的美感。铸铁因原材料的流动性和易于浇铸的特点被广泛应用于户内外的产品中。铸铁实际上是由碳、硅和铁等多种元素组成的混合物。其中碳的含量越高，在浇铸过程中其流动性就越好（图3-56）。

2. 金属材料的主要加工方式

（1）截断和弯管。金属管材在家具制造中的应用很广，金属管材一般的加工处理方式是截断和弯管。截断的方法一般是割、锯、车切及冲截。弯管在家具

图3-54 金属材料制造的扶手椅

图3-55 铝合金材料制造的简易实用的洽谈椅

图3-56 铸铁金属家具

中通常用于支架结构，弯管工艺是在专用机床上，借助型轮将管材弯曲成圆弧形，所成的圆弧形使钢管本身的弹性和强度的特性得以发挥。而精准一致的半径能给人一种有序和统一的美感（图3-57）。

（2）压制成型。压制成型多用于铝合金和钢材类等具有韧性的材料，并在这种成型工艺的基础上引入了模压或热压加工工艺，它不同于传统的家具加工。如用一张平整的铝片加工一把椅子，在经过切割及冲压之后最终形成三维形态而没有任何焊点、螺丝等。此种加工方法是一种将平面材料转化为立体物品的高效工艺。

（3）焊接。焊接对金属家具而言是非常重要和普遍的加工方式。焊接的种类主要有：

①手工操作的焊条电弧焊。使焊条和焊件熔化，获得牢固的焊接接头。

②利用焊剂层下燃烧电弧进行焊接的埋弧焊。

③自动或半自动焊接的二氧化碳气体保护焊。此法焊时不宜有风，适合室内作业。

④焊接结构牢固且稳定性好的惰性气体保护焊。特别适于焊接铝、铜、钛及其合金。

（4）铸造。铸造工艺一般用于一些家具的附件以及部件精致的细节处理。铸造工艺分电磁、压力、离心、差压、低压、石膏型、陶瓷型、金属型和熔模铸造等。其中熔模铸造多用于小且精致的部件，可获得有较高的尺寸精度和表面光洁度的铸件。大型家具多用压铸的方法生产，可用来压铸铁和铸钢件。

（5）锻打锻造。锻打制作的家具其特点是通过锻造消除金属在冶炼过程中的铸态疏松缺陷，优化微观组织结

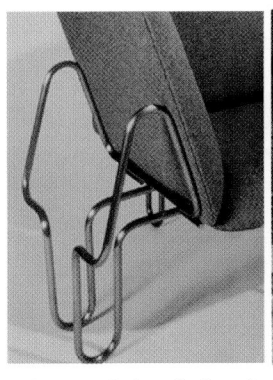

图3-57 圆弧形能更好地发挥钢材的弹性和强度

图3-58 锻打铁艺双开门

构，以取得完整的金属流线，使加工的家具有较好的机械性能。金属锻打制作的家具，其材质很有个性质感（图3-58）。

（三）塑料

随着家具材料的发展，塑料材质的家具以其独特的性能受到不同消费层群体的认可和青睐。塑料家具具有防水、防潮、油污易于清洁的优点，特别适合厨房等潮湿环境下使用。塑料是应用广泛的家具材料，由于能够自由加工成型，它具有变幻及可衍生千百种材质的特性。塑料相对传统材料更具适用性和可持续应用的价值，在家具制造中是一种不可替代的材料。

1. 适于家具的塑料种类

（1）ABS树脂。ABS树脂是丙烯腈、丁二烯、苯乙烯共聚物，它是一种综合性能良好的树脂，无毒，微黄色。具有较高的冲击强度，尺寸稳定性好。ABS树脂具有良好的成型加工性，制品表面光洁度高，且具有良好的涂装性和染色性，可电镀成多种色泽。可与多种树脂配混成共混物（图3-59）。

图3-59 用ABS树脂加工成型的家具

图3-60 彩色及透明亚克力材料制成的扶手椅

图3-61 竹藤家具

（2）丙烯酸树脂。丙烯酸树脂通过选用不同的树脂结构、配方、生产工艺及溶剂，可合成不同类型、不同性能和不同应用范围的品种。最为家具设计师青睐的就是聚甲基丙烯酸甲酯，英文名PMMA，俗称有机玻璃。如特殊处理的有机玻璃亚克力（Acrylic）。有机玻璃除了高亮度外，还有韧性好、质地柔和、不易破损、修复性强等优点（图3-60）。

2. 塑料材质的主要加工方式

（1）环铸。环铸用于制造空心产品，通常用于大规格产品的生产。它的特点是制造成本较低。

（2）注铸。这种工序创造形态的自由度高，单件制作材料成本相对较低，但前期模具成本较高。

（3）加热成型。此种工艺是使用预成型塑料薄片作为启动材料，采用抽吸或加压工艺将塑料薄片吸入或推入模具中成型。加压成型适合对细节和肌理的效果要求高的产品。

（四）竹材与藤材

1. 竹材

在中国，竹子有着特殊的文化涵义。"未出土时便有节，及凌云处尚虚心"是文人士大夫的做人处世之道。竹子是高雅、淡薄、谦虚、正直、高风亮节的象征。竹子在高贵中透出时代气韵与自然朴实之风格。竹制家具手感光滑清凉，体感舒适，使用愈久愈有厚重感并焕发出晶莹的琥珀色。一般民间常用的竹制家具有竹椅、竹制太师椅、竹板凳。少数民族也用竹制床、桌子等家具。随着对竹子认识的深化，竹制家具也将成为一种高档的时尚消费品（图3-61至图3-63）。

图3-62 竹子材料制作的模仿人体的坐具

图3-63 竹子材料制作的柜式家具

图3-64 藤制家具多作为休息、休闲用家具

图3-65 藤制家具在室内空间中显得既舒适又高雅

竹子作为制作家具的材料有很多的优点，首先，它是无化学物质污染的纯环保家具，有益人体健康。其次，它吸热能力强，始终保持清冷的本色。高档的竹制家具选用优质的南竹原料，其抗拉、抗压强度高于一般的木材。另外，竹子可以竹代木，人们开发了很多诸如竹地板等的建材新产品，为竹子的综合利用找到了一个有效途径。

竹制家具使用中要注意的事项：竹子富含纤维素、木质素、糖、蛋白质等，这些成分是蛀虫类昆虫的营养品，所以应采取措施防止虫蛀，保护好竹家具。

2. 藤材

藤制家具是世界上最古老的家具之一，中国汉代的藤席即是当时比较简单的一种藤家具。汉代之后，人们用藤来制造各种家具，藤桌、藤椅、藤床、藤柜、藤箱、藤屏风及藤器皿等相继出现（图3-64、图3-65）。

藤的生长地区很广，东南亚、非洲、印度等地都有。藤家具具有色泽素雅、造型美观、结构轻巧、质地坚韧、淳朴自然等优点，多用于室内外凉台、花园、茶室、书房、客厅等处。

藤是椰子科植物。藤的特点是既极为柔软又特别有韧性，所以缠扎有力，富有弹性；皮质外表爽洁，耐水湿易干燥；色质自然，夏季清凉，冬季不硬而经久耐用；藤皮可编织成丰富的图案。因此，藤材被广泛用于家具制作。在家具生产中，藤大量用于缠绕家具骨架和编织藤面制成家具。藤也可与木、金属、竹等材料结合使用，发挥各自材料的特长制成各种形式

的家具。

除进口种类的藤材外，国内藤的主要种类有土厘藤、红藤、白藤（黄藤）、省藤、大黄藤等。青藤需要经日晒、硫黄烟熏处理后方可用于家具制作。藤经过现代化的高温杀菌消毒处理后，其材料方可制作成品。

（五）常用的家具辅助材料

1. 玻璃

玻璃的主要成分是二氧化硅。透明的玻璃有着变幻无穷的流动感和光感，正是这样的特质，使设计师利用玻璃设计出或浪漫或时尚的各类家具产品。玻璃还是一种百搭的适配材料，在设计中与各种材料搭配可产生不同的效果。用于家具中的玻璃种类较多，最常用的是以下几种：

（1）钢化玻璃。钢化玻璃是普通平板玻璃经过再加工处理而成的一种预应力玻璃。钢化玻璃的强度相当于普通平板玻璃的数倍，抗拉度在3倍以上，抗冲击在5倍以上。钢化玻璃不容易破碎，即使破碎也会以无锐角的颗粒形式碎裂，使得对人体的伤害大大降低（图3-66）。

（2）热弯玻璃。热弯玻璃是由平板玻璃加热软化在模具中成型，再经退火制成的曲面玻璃，在一些高级家具设计中出现的频率越来越高。

2. 皮革

（1）人造皮革。人造皮革俗称人纺皮，它按厚度分为0.9～1.5mm和大于1.5mm几种类型。人造皮

图3-66 钢化玻璃桌面家具

图3-67 家居客厅多用皮质沙发陈设

革外观花纹很多，一般要求纹路细致均匀，色泽均匀。人造皮革本质也是高分子塑料 PVD、PE、PP 等吹膜成型并经过表面喷涂各种色浆处理。用于沙发等座椅的人造皮革十分注重手感，应平滑、柔软、有弹性、无异味。

（2）天然皮革。天然皮革主要是各种动物皮经过加工而成。一般家具中所用皮以牛皮为主，就外观而言，它与人造皮革的要求是一致的。但在抗张力、撕裂强度方面均比人造皮革好。天然皮按厚度分头层皮和二层皮，头层皮即为动物皮表面，弹性、柔软性好，厚度为 0.8 ~ 1.5mm；二层皮为动物皮削去表面皮之外的皮，厚度 2.8 ~ 3.5mm 不等，弹性差，但强度好（图3-67、图3-68）。

3. 纺织品

家具产品中纺织布类分两大类：人造化纤布、天然纺织布。一般家具使用人造化纤布居多。

（1）人造化纤布。人造化纤布的种类有九大类：聚酰胺、聚酯、聚氨酯、聚脲、聚甲醛、聚丙烯腈、聚乙烯酸、聚氯乙烯及氟类。事实上，人造化纤为上述九类高分子材料经纺丝编织而成，化纤布质量指标分为细度、强度、回弹率、吸湿度等重要质量参数。细度即为纱线粗细程度，强度指能承受的拉力，回弹率指拉伸后回到原尺寸比率。

作为家具设计师，掌握纺织品方面的知识是不可或缺的。设计师应了解各种纺织面料适合的家具产品及适应的场合使用条件。以下为人造化纤布的各种不同性能：

①吸湿性低的化纤面料：丙纶（聚丙烯）、维纶、涤纶。适合潮湿气候及地区。

②耐热性强的化纤面料：涤纶、腈纶（聚丙烯腈）。适合热带及高温作业环境。

③耐光性强的化纤面料：腈纶、维纶、涤纶。适应室外环境产品，如沙滩椅。

④抗碱性强的化纤面料：聚酰胺纤维、丙纶、氯纶（聚氯烯纤维）。

⑤抗酸性强的化纤面料：腈纶、丙纶、涤纶。

⑥不容易发霉的化纤面料：维纶、涤纶、聚酰胺纤维。适合潮湿地方。

⑦耐磨性强的化纤面料：氯纶、丙纶、维纶、涤纶、

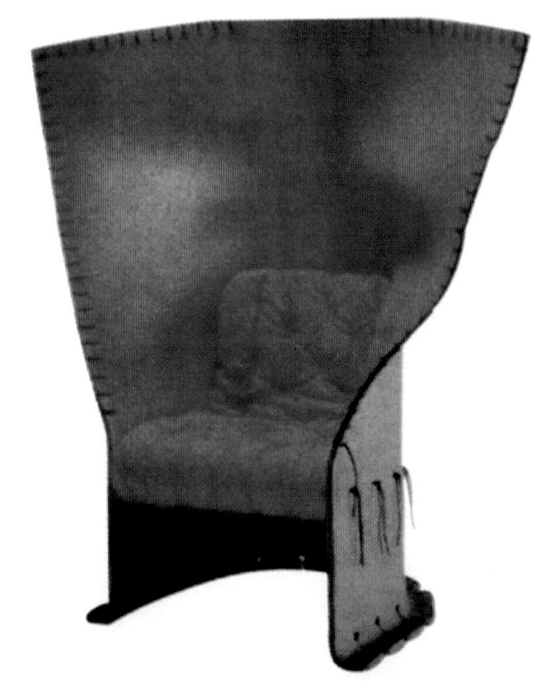

图3-68 盖特诺·佩斯利用羊毛毡设计的装饰主义座椅

聚酰胺纤维。

⑧伸长率低的化纤面料：氯纶、维纶。

从上述分析介绍来看，目前适合室内家具的人造化纤面料有维纶、氯纶、丙纶、聚酰胺等，而耐光性差的人造化纤面料绝对不能用于室外和户外，否则会降低化纤面料的使用年限（图3-69）。

（2）天然纤维布。天然纤维中棉、麻类最为适合家具使用。天然纤维布的特点是有纯天然的特性、健康环保、保温性好，棉、麻耐碱性好，但麻耐酸性差。因此，家具设计师依上述特点选配纺织面料设计十分关键（图3-70）。

二、家具结构

家具结构设计在家具设计中占有相当重要的地位，它是决定着家具能否进行大批量生产的一个重要环节，也是家具能否稳固、耐用、舒适的决定性因素。家具的结构是指家具产品各元素之间的构成与接合方式。家具的结构设计就是在制作家具产品前，预先规划、选择、确定连接方式、构成形式，并用技术的方式表达出它的形象。家具是由多个零部件按照功能要求组装构成的。零部件接合方式的合理与否，将直接影响到产品的强度、稳定性以及影响产品加工工艺的难易程度，并可决定产品造型的外在形式。另外，家具产品的部件和材料的差异也将导致连接方式的不同。

（一）家具结构设计的规则

1. 材料性规则

家具结构是依附于材料之上的，对材料性能的全面深刻的理解是家具结构设计所必备的知识。家具制造因材料的不同其结构选择也不相同，家具制作材料因物理、力学性能和加工性能不同所形成的结构会有很大的差异，零件之间的接合方式也会表现出各自的特征。例如，实木家具的构成形式为框架结构、榫卯接合，其合理性在于框架可以由线型构件构成。这是由于木材的干缩湿胀特性使得实木板状构件难以驾驭的缘故。榫卯接合方式是由于木材的组织构造和黏弹性性能所决定的。再例如，用人造板（尤其是传统的纤维板、刨花板）制造家具，其板材在制造过程中木材的自然结构已被破坏，许多力学性能指标大为降低，因而榫卯结构的优点对人造板来说无法使用。但人造板幅面尺寸稳定的优点为板式家具的连接开辟了新的途径，采用圆孔连接方式是板式家具连接的最佳方法。所以现代家具的结构设计，木家具以榫卯接合为主，板式家具则以连接件接合为主，金属家具以焊接、铆接为主，竹藤家具以编织、捆绑为主，塑料家具以浇铸、铆接为主，玻璃家具以铰接为主（图3-71）。所以，根据家具材料的特性选择、确定家具的接合方式，是结构设计必须遵循的规则。

图3-69 人造化纤面料在扶手椅上的应用

图3-70 棉、麻织物印花面料在现代布艺沙发上的应用

图3-71 家具的结构要根据材料特性决定接合方式

2. 稳固性规则

家具的基本属性是其使用功能，家具由于在使用中受到多种力的作用，产品如不能克服外力的干扰保持稳固性，就会变形并丧失其基本功能。家具结构设计的首要目的是运用力学的原理，合理构建产品的支撑体系，保证家具在使用过程中牢固稳定地正常使用。

3. 工艺性规则

家具的加工设备和加工方法是家具制造的技术保障。家具零部件的生产则是保证家具质量的重要内容。而零部件的加工主要的是接口的加工。它的精度和经济性直接决定了产品的质量和成本。因此，家具的结构设计应根据产品的风格、档次合理确定接合方式，例如木质家具在机械设备使用以前只能采用榫接合，但现在采用金属拆装结构的也较为普遍。而目前的板式家具，由于设备的加工精度高，因而可采用拆装式结构。因其圆孔加工钻头是规矩排钻，所以板式家具的接口能应用系统的标准接口（图3-72、图3-73）。

4. 装饰性规则

家具不仅是一种具有实用性功能的物质产品，而且是一种大众艺术品。一般的消费者更多地关注家具的外在形态，而对于内部结构的存在形式却不太为人所注意。家具的装饰性不仅由产品的外部形态和材料所表现，更主要的是由其内部的结构形式所决定的。因为家具产品的形态和风格是由产品的结构和接合方式所赋予的。如榫卯接合的框式家具充分体现了线的装饰艺术，五金连接件接合的板式家具则在面积和体量之间呈几何形的体块变化。再者，各种榫及五金连接件等本身就是一种有工程技术意味的装饰件。普遍

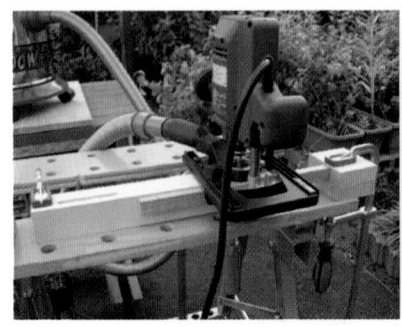

图3-72 自动化榫卯加工工艺及加工制品

图3-73 家具榫卯结构工艺及连接，充分运用了材料的特性

使用的在外表上看不见的暗铰链和暗榫等藏式接口，使家具外表更加简洁。在外表上外露的诸如合页、玻璃门铰、脚轮等连接件及明榫接口，它们不仅具有自身的功能美感，而且从设计学的角度看，还起到了积极的点缀作用，尤其是明榫能使家具产品具有文化传承的内涵和自然天成的乡村田园风情（图3-74至图3-77）。

（二）家具常见结构

家具一般常见的结构有：框架结构、板式结构、拆装结构、折叠与伸缩结构、薄壳结构、充气结构、整体注塑结构、吊装与软体结构等八种。前四种结构常常被厂家和设计师结合起来运用，用以设计出自己具有创造性且实用、美观的家具作品。

1. 框架结构

家具的框架是指由若干根木材零件通过榫结合而成的框架。其框架可以分为三角形、正方形、长方形及其他各种各样的多边形，其中以正方形和长方形应

图3-74 加工精美的家具五金

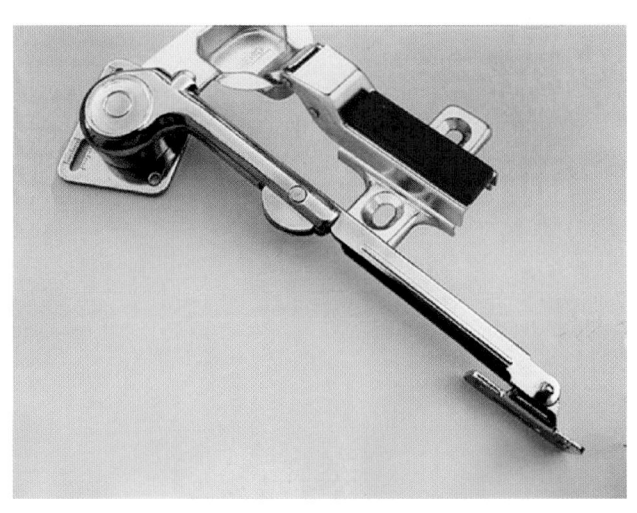
图3-75 家具液压门铰（油压支撑杆）

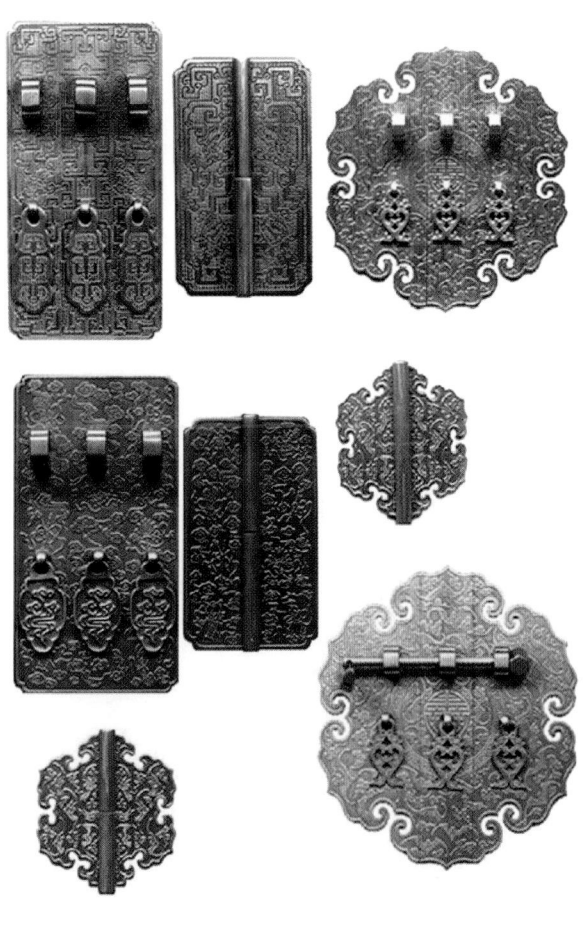
图3-77 箱、柜家具系列五金

图3-76 家具不锈钢玻璃门铰

用最为广泛。框架可以是独立的产品，也可以是框架家具的基本部件。框架家具一般是由一系列的框架部件构成。有的框架中间加工成可设嵌板或嵌玻璃的框架开槽边。我们平时常见的实木桌椅凳的脚架都是框架结构（图3-78）。

2. 板式结构

板式结构多用于板式家具和实木家具的框箱件。板式结构主要是指至少由三块或者三块以上的板件围成的结构。板式结构家具是指以各种人造板为基材制成板件后采用各种连接件接合的家具，而非采用传统

框式家具的整体榫接合。其零部件可以通用互换，便于拆装、组合、搬运。此种家具有利于实现机械化自动化生产。

（1）实木家具的框箱结构。框箱结构在实木家具中主要用在柜类产品上。构成柜体的箱柜结构，中部还可能设有隔板或搁板的中板（图3-79）。

（2）板式家具的结构。板式家具是指以人造板为主要材料，对表面和侧边进行工艺处理后，用金属连接件进行组装的家具。在板式家具的结构设计中，最重要的内容就是了解板式家具的设计规则和金属连接

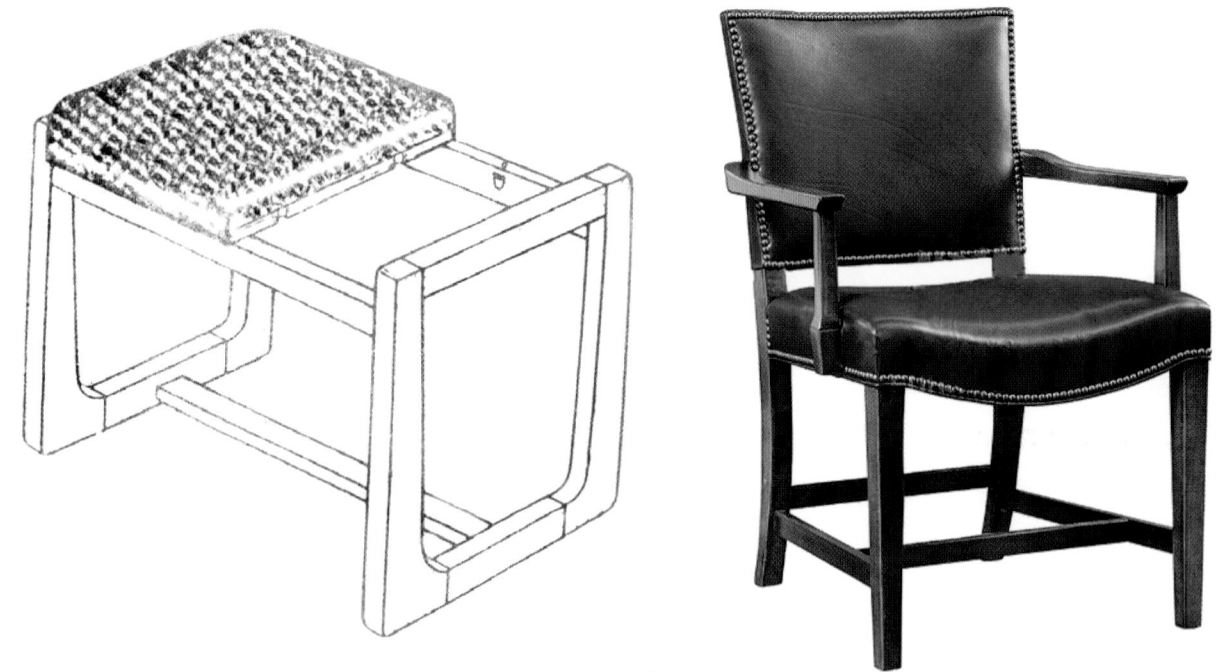

图3-78 框架结构的家具

图3-79 实木框箱结构

图3-80 板式结构的家具

件的具体种类及用途（图 3-80）。

①板式家具结构设计的规则。板式家具的结构设计原则主要体现在 32mm 系统上。该系统是以 32mm 为基本模数，主要应用于板式家具的一种特定的家具结构系统。主要表现在孔距为 32mm，钻孔为 5mm 等一系列固定尺寸的制式化加工上。该系统经广泛应用后获得了国际的公认。32mm 系统的应用，促进了家具以及其部件的系列化，有利于家具的设计、加工安装与配件的结合（图 3-81、图 3-82）。

②金属连接件的种类。金属连接件的种类非常多，以连接方式分，可以分为以下两个大类：

一是紧固连接。紧固连接是利用紧固件将两个零部件连接后，相对位置不再发生改变的连接。它是板式家具的主要连接形式。常用的连接方式有偏心式、螺旋式、拉挂式等（图 3-83）。

二是活动连接。所谓活动连接是指利用连接件将两零部件连接后，可以产生相对位移的连接。常用的连接件有铰链、抽屉滑道、趟门滑道等（图 3-84、图 3-85）。按板材部位之间活动连接的有旁板与门的连接，顶板、底板与门的连接，抽屉与柜体的连接，等。

3. 拆装结构

拆装结构指的是由各种连接件组装而成的可以反复拆装的家具结构。一般的板式家具属于这类结构。椅、凳、沙发等也可以采用连接件装配成可以反复拆装的家具，以方便库存和运输。

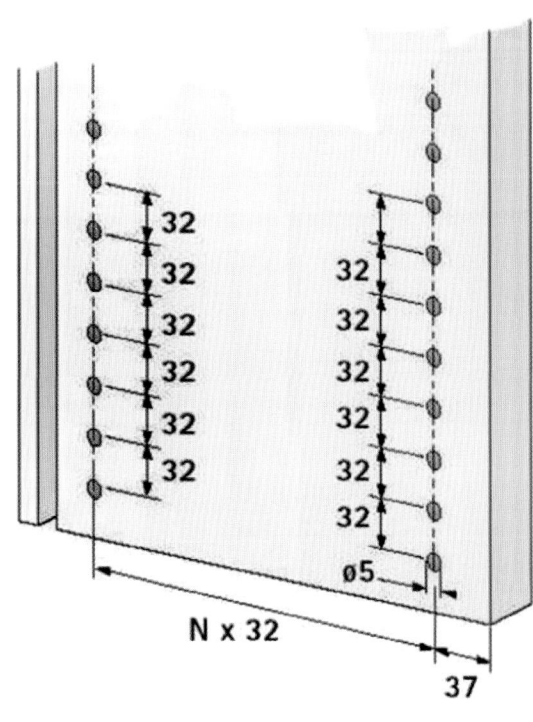

图3-81 板式结构32mm系统规矩尺寸

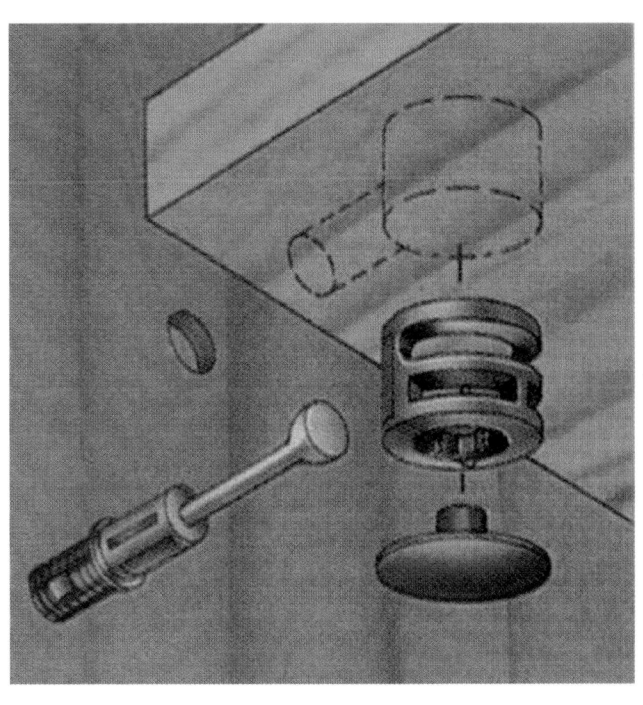

图3-82 板式结构32mm系统家具五金件

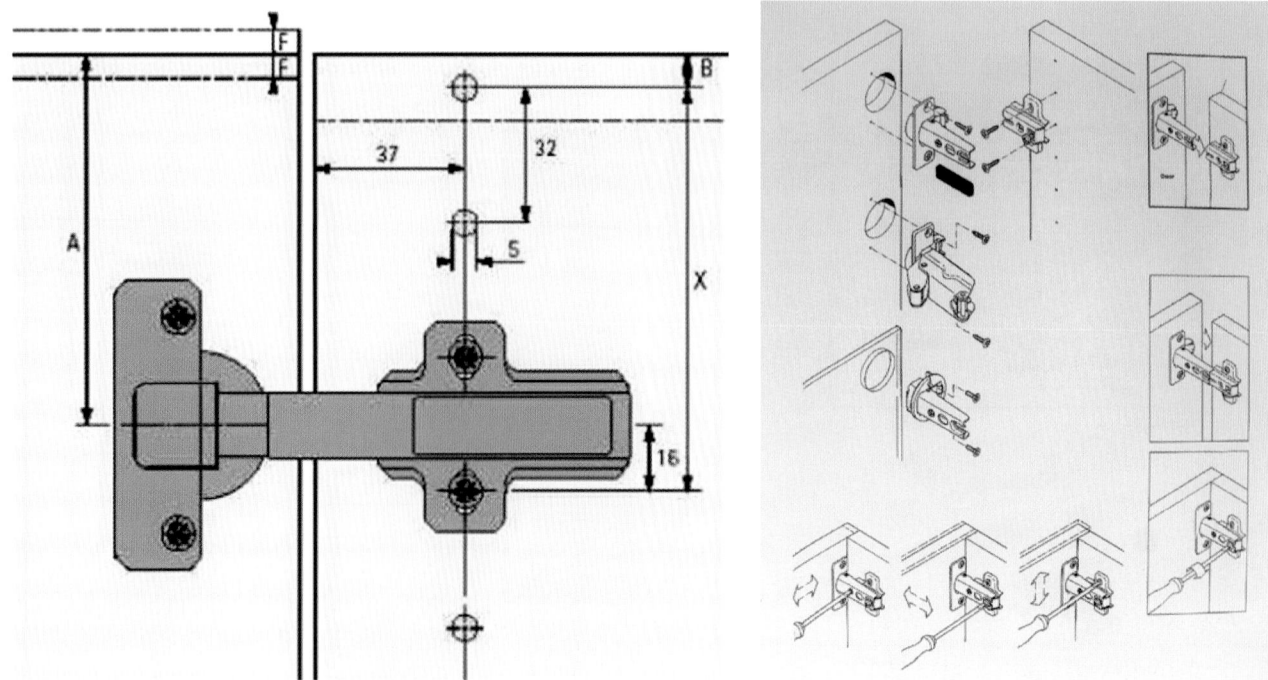

图3-83 板式家具铰链及安装过程

拆装结构的优点：生产工艺比较简单，有利于实现零部件标准化与系列化制造，方便运输、包装（图3-86）。

4. 折叠与伸缩结构

折叠与伸缩结构即在不使用时，能够折叠和伸缩起来的家具结构。因为不用时可以折叠合拢伸缩隐藏，可缩小占地面积，很受居住面积小的用户或需要经常流动的用户诸如野战部队、马戏团、旅行者和牧民的欢迎。

折叠伸缩结构的家具应轻便灵活，并要求力学性能好，需要用优质材料制造。所用的金属连接件要可靠，

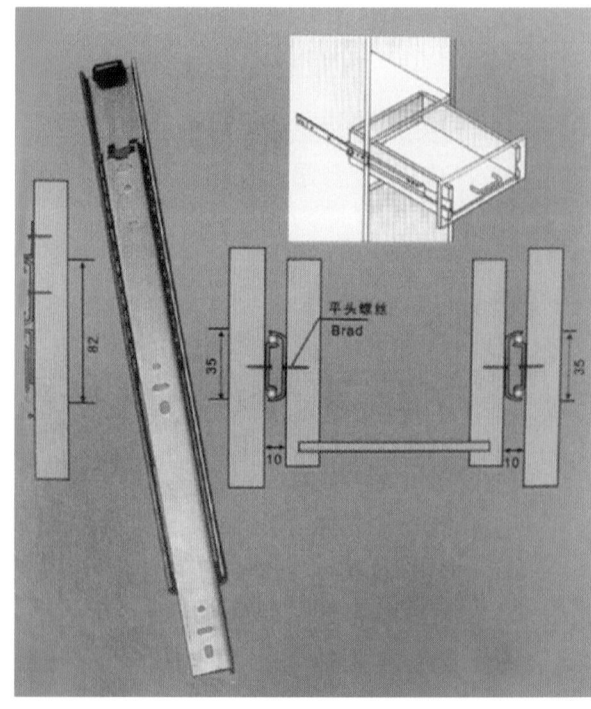

图3-84 可调节的抽屉滑道

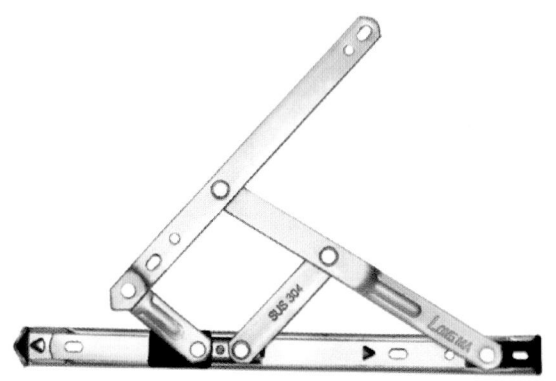

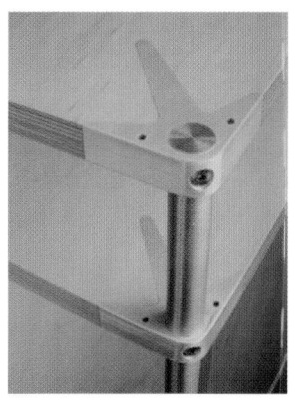

图3-85 趟门滑道　　图3-86 可拆装的家具搁板　　图3-87 可折叠、多功能的沙发与
　　　　　　　　　　　支架连接结构　　　　　　　床转换设计

折叠伸缩要灵活，使用要方便，外形也要美观。折叠伸缩结构的家具可分为如下几种：

（1）利用平面连杆结构原理的折动式结构家具（图3-87）。

（2）利用材料的特性结合家具的脚架与背板的空间设计的家具。这样可以达到节省空间的叠积式结构效果。最为节省空间的叠积结构常见的是椅类的叠积式家具（图3-88）。

（3）通过对家具平面、台面和立面的调节操作，进行伸缩式调节的家具（图3-89）。

5. 薄壳结构

薄壳结构本是指曲面的薄壁结构，而在家具设计中，薄壳结构指随着塑料、玻璃钢、多层薄木胶合等新材料和新工艺的迅速发展而出现的热压或热塑的薄壁成型结构（图3-90）。

6. 充气结构

充气结构是将尼龙或塑料裁切成充气家具所需的形状，并以高热熔接的方式将材料的两侧分别接合，加以充气后即可形成立体形态。充气家具无论移动、清洗还是收藏都十分方便，具有高强度与耐用性，符合现代人快节奏、个性化的生活方式（图3-91）。

7. 整体注塑结构

整体注塑结构是以塑料为原料，在定型的模具中进行发泡处理，脱模后成为将承托人体和支撑结构两

图3-88 利用椅子的脚架与背板进行叠积式的储置　　　　　图3-89 可对家具立面伸缩调节的柜架

图3-90 薄壳结构家具

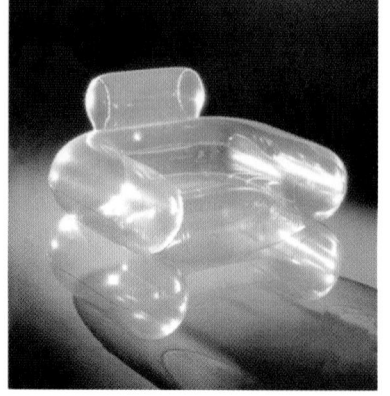

图3-91 帕斯·洛马兹和斯科拉瑞
设计的"吹气"沙发

特性合二为一的立体形态家具。注塑结构和它的生产工艺可以让许多形态复杂的产品得以实现，受到追求家具形态变化之美的消费者的青睐（图3-92）。

8. 吊装与软体结构

家具的吊装及软体结构，主要是指将不接触地面的特殊用途的家具，通过固定于天花板的悬吊坐具及结网绳等的软体坐卧具所形成的结构形式。其次，还有将柜架类家具固定安装在墙壁上的结构方式。吊装及软体结构是一种非常规的家具结构，能使人在视觉上产生一种特有的飘浮感和柔软感（图3-93）。

三、常用家具的部件构造

（一）家具脚架的构造

脚架在家具中是承重的最大部件。它不仅在静力负荷作用下需要平稳支撑整个家具，而且要求正常使用时具有足够的强度，并在遇到某种突如其来的冲击时能保持一定的稳定牢固，使结构点不至于产生位移、松动或错位。脚架的式样还要与家具的整体造型相协调，要特别指出的是，一些高端的家具因脚架的设计不够理想、不够协调以及质量不达标，而成为拖累整体的败笔，如同人的着装和鞋的关系一样。所以，脚架是家具形象中十分抢眼的重要部分，特别是家具的露脚结构是设计师最见功力的地方。家具的脚架结构可以分为露脚结构和包脚结构。

1. 露脚结构

家具的露脚结构是指由三只以上的独立支撑脚构成，并与家具主体框架连接为一体的结构。一般家具是由四只独立支撑脚构成。家具的露脚支撑结构形式多为配套厂家生产的木材、金属或塑料材质的独立脚

图3-92 艾洛·阿尼奥设计的整体注塑家具

图3-93 吊装结构家具

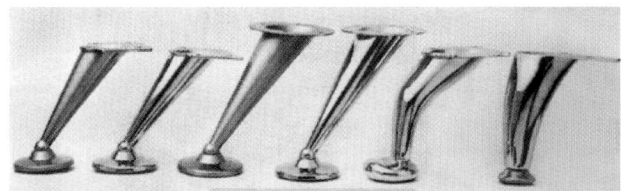

图3-94 家具露脚结构支架

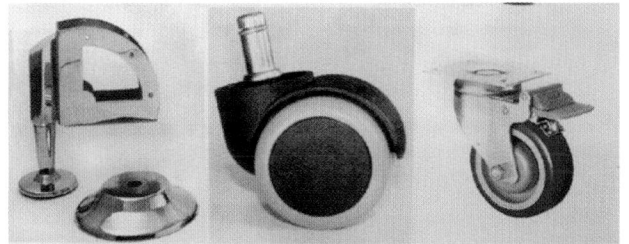

图3-95 家具金属支架及滚轮等装饰五金

图3-96 包脚结构的沙发

图3-97 桌面下的金属支架

图3-98 中式古典家具面板结构

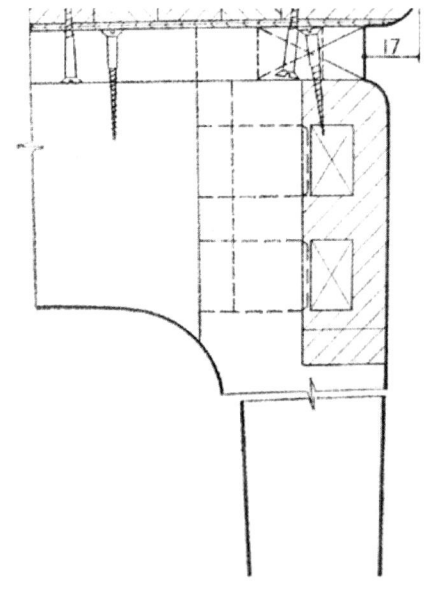

图3-99 家具面板固定安装图

架。也有框架延伸为独立支撑的结构,又称框架型脚架。总之家具的露脚造型千变万化,是家具整体造型的基本构件(图3-94、图3-95)。

2. 包脚结构

包脚结构属于框箱结构,又称框箱型脚架,一般是由三块以上的木板结合而成,通常由四块木板接合成方型框箱。包脚型的底架能承受很大的负荷,通常用于承载重量较大的家具,应用比较广泛(图3-96)。

(二)家具面板的结构

面板主要指坐面、桌面、柜面等人们经常注视的结构部位。面板结构的特点是,将安装的结构隐藏在人所不易看见的地方(图3-97至图3-99)。

(三)抽屉结构

抽屉由屉面、屉旁、屉堵形成框箱结构。实木家具抽屉的制作,一般是在屉旁、屉面下部里侧开槽后

图3-100 家具抽屉大多使用滑轨构造 　　　　　　　　　图3-101 抽屉滑轨结构有承载力大、不下坠的优点

插入屉底板，即构成一个完整的抽屉。但板式家具的抽屉更多的是在板材之间用深度和宽度都有规定模数的 32mm 系统进行连接（图 3-100 至图 3-102）。

（四）柜门种类

家具柜门的种类主要分为四种：开门、移门、翻板门和卷门。

1. 开门

家具最常见的柜门是开门，它的安装和使用非常方便。开门分为内开门和外开门，使用铰链进行连接。铰链种类繁多，其中插入式开启90°门铰用得最多，它可以有效调整柜门与旁板之间的关系（图3-103）。

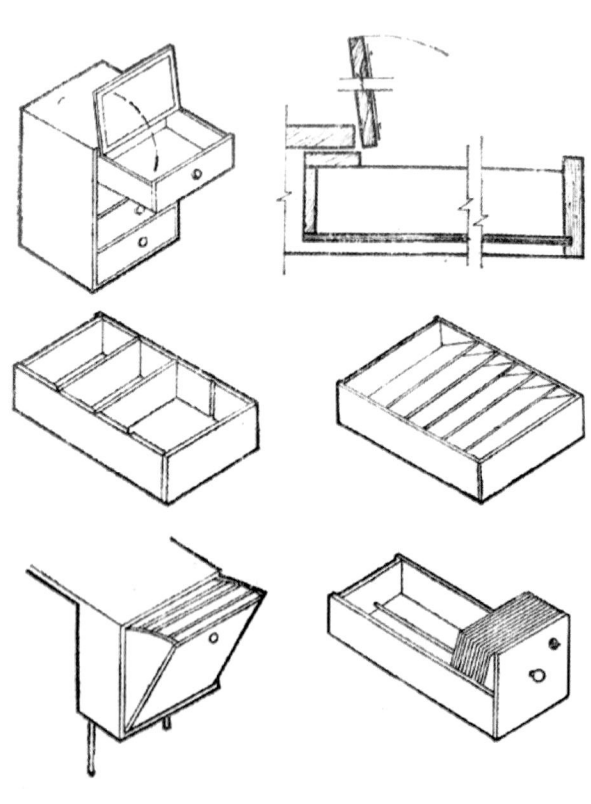

图3-102 不同使用功能的抽屉形式

图3-103 家具最为常见的平开方式

图3-104 家具左右滑动开闭的移动推拉门

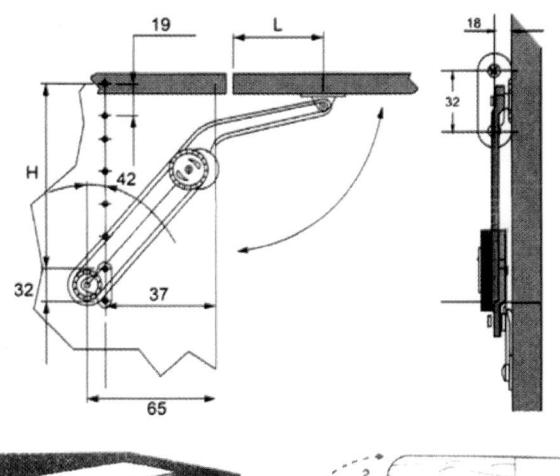

2. 移门

家具的移门是指可以左右滑动开闭的门，也称推拉门。移门是节约空间的一种非常好的方式，但工艺较为复杂，应用相对较少。移门通常是将双层轨道安装在柜体上开槽处，再将门板装在槽内，门板推拉轻便顺畅（图3-104）。

3. 翻板门

家具的翻板门是绕水平轴转动开闭的门，分为上翻门和下翻门。上翻门一般多在厨房等处的高处放置物品的家具中应用。下翻门在翻转后可以固定作为台面，可以置物或作为工作台。翻板门也是通过铰链来进行连接的，与开门不同的是，它还需要拉杆起支撑作用。拉杆可以帮助控制翻板门翻转的角度，并在台面需要置物或承重时对台面起到加固的作用（图3-105）。

4. 卷门

家具的卷门是沿左右边槽滑动而卷曲开闭的门。卷门的制作通常是将木条粘在可以卷曲且较柔软的材料如柔软结实的布料上，然后将其放入开在柜体上的导向槽中。卷门也是节约空间的一种柜门形式，但制作较为复杂，在现代家具中应用得较少（图3-106）。

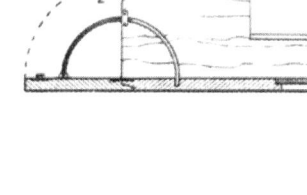

图3-105 转动开闭的上、下翻门结构

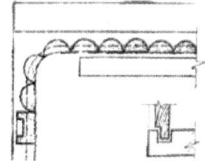

图3-106 家具帘幕式卷门结构

课程设计

　　此部分内容具有技术性高且实践性强的特点。主要目的是使学生认识家具制造所使用的传统和现代材料，了解传统框式、柜式与现代板式家具的结构设计与制造工艺，同时学习诸如金属、塑料等非传统家具的结构与制造工艺。以上部分可以根据各地产业家具不同的特点有重点地选择学习。

课程建议

　　1. 除对传统的材料工艺的学习之外，应强化对现代家具五金系统配件与连接结构及应用的熟悉和掌握。在课程进行中，可让学生测绘一件传统古典家具，并描绘出立面图、结构图、结点大样图，以了解家具的材料和工艺。

　　2. 结合课程学习，参观1~2个不同类型的家具工厂，学习了解现代家具生产的整套工艺流程。绘制一套简易的现代板式家具设计图，应标注尺寸、注明材料、呈现出结构和加工工艺。

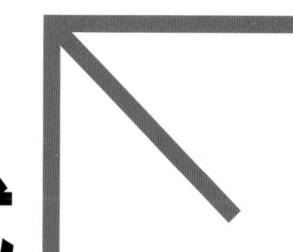

第四部分

家具设计程序与表现形式

JIAJU SHEJI CHENGXU YU BIAOXIAN XINGSHI

一、家具设计的程序

二、家具设计的表现形式

三、现代家具设计师应具备的基本技能

一、家具设计的程序

设计程序是有目的地实施设计计划的次序和科学的设计方法。设计程序的实施是按既定的次序逐项进行的，是设计的循环过程。此过程有时也会依设计要求的变化发生前后交错。采用依照设计程序的作业方式是为了不断检验和改进设计，最终实现设计目标诉求。家具设计的概念范畴很宽广，家具设计的程序是一个高附加值和多程序的复杂过程。在开始家具规划设计之前，它不仅是设计顺利进行的保证，同时也是设计成果最终转化为现实产品的关键。总结家具设计的实践，其设计的基本程序如下：

（一）市场调研

市场调研是家具设计工作展开之前不可缺少的一个环节，它能帮助设计者直观地了解到当前国内外家具市场的发展趋势和消费需求、家具生产企业在生产

图4-1 此叠加椅的设计定位，应以节省地面空间为主诉求，设计须适应此诉求

过程中所采取的各种先进工艺等全方位的信息，又可作为拓宽设计者视界的一个重要手段，通过详细的市场资料分析为设计者提供确立设计立项的客观依据和指导后续设计工作的指南。

（二）产品设计定位

家具设计定位是设计程序中最为关键的步骤之一，它是在前期进行的市场调研基础上将收集、整理、分析的资料综合起来，对拟设计的家具在功能、材料、工艺、结构、尺度、造型、风格等方面，结合制造商或委托方的要求等因素而形成的设计方向或目标。定位准确与否，直接影响到后续的生产、营销等环节能否顺利进行（图4-1）。

（三）设计展开

家具设计展开是设计创造由萌发阶段不断向纵深方向发展的阶段，使设计具备与家具生产加工和销售的要求相一致的调整和改进过程。它的步骤是，在初步设计阶段提出设计师的原创构思，并画出概念草图，再经过连续多次的调整、评论、反馈、完善，再逐步深入到家具的材料、结构、造型、色彩、成本等各方面的细节中去。上述流程的最后结果是设计出成套的工程图纸。通常在投入生产前，还需经过实体模型来对设计作品的空间体量关系、材质结构的牢固度和材质的搭配进行最终的推敲和检验，从而为降低产品的制作成本和设计成果的转化打好基础（图4-2、图4-3）。

（四）家具生产管理

家具的生产是将设计转化为产品的过程，其加工工艺和企业管理的优劣直接决定着家具成品的品质和企业的经济效益。企业的生产管理是一项系统性和精细程度很高的工作，在家具设备选型配置、制造材料选用、加工工艺和工序设计、物流配送、质量检验及后续技术改进等方面，甚至在厂房建筑及环境规划、节能环保等环节都有规范化的管理。

因此，作为设计程序的一个重要环节，设计者在规划设计家具产品时就应预先考虑并在家具生产制造过程中予以重视和协调（图4-4）。

沙发草图

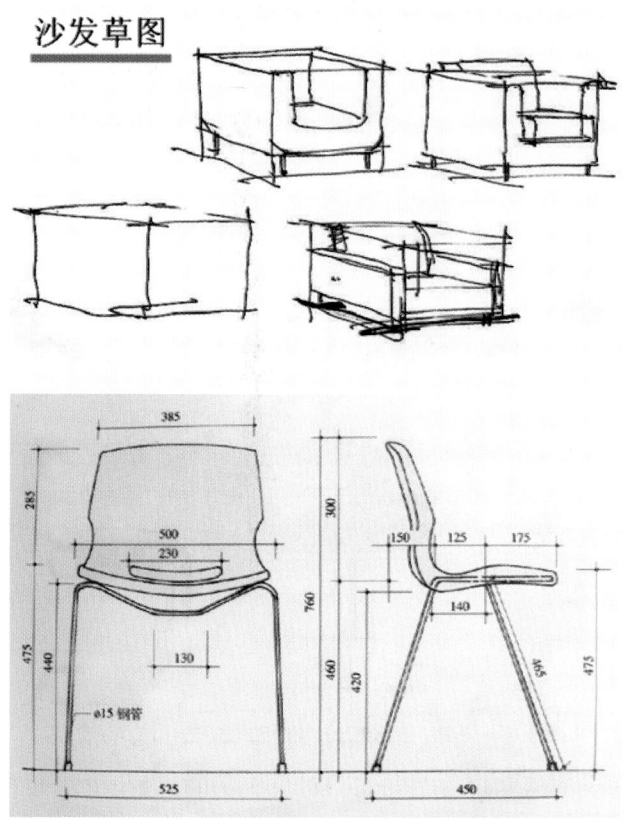

图4-2 设计师的原创构思及概念草图

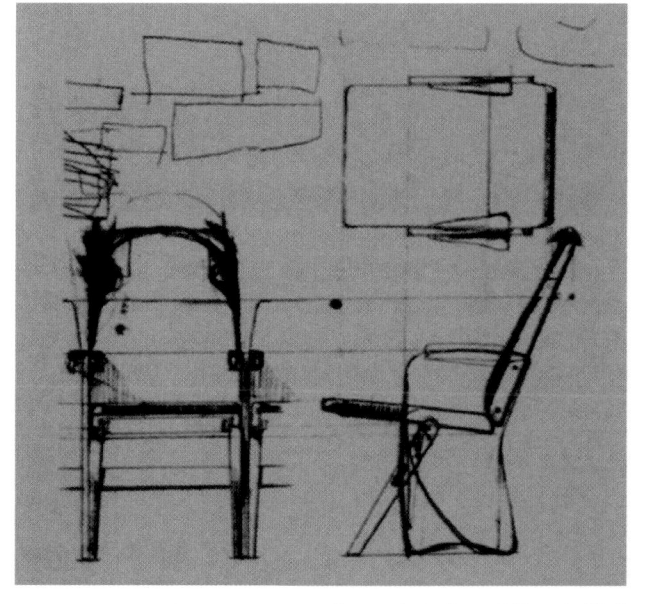

图4-3 家具产品设计工程制图

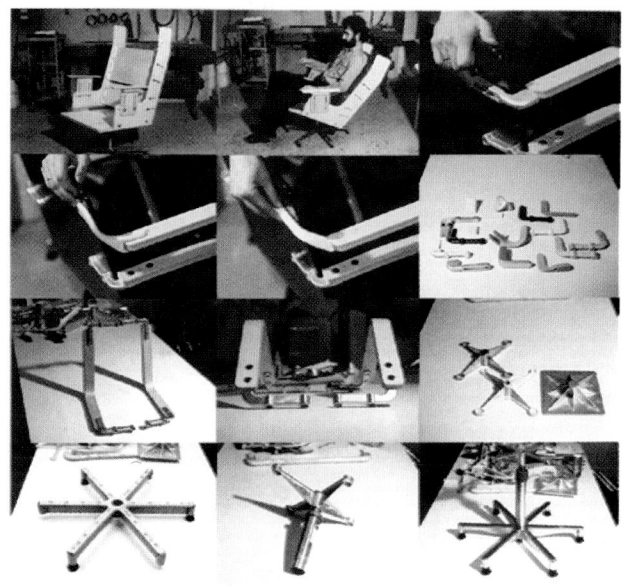

图4-4 生产管理统筹家具从设计到产品的全过程

必须和市场对接才有生机和活力，注重家具商品转化过程中的市场反应，有利于设计者及时发现新家具产品中的问题和市场的需求点，从而为对症下药完善已有的设计找到依据，保证家具设计的工作在科学的依据和理性的指导下健全、良性地运行，以实现设计和生产的紧密结合，最终使产品的市场价值得以体现。

二、家具设计的表现形式

创新是家具设计的目的，实现目的离不开手段。再好的设计和理念都要落实到绘图纸上。家具设计从构思到调整修改到定稿再到模型，都离不开设计表现这个途径。家具设计过程中的形象思维通过手绘图的方式得以扩展、深化，通过效果图展现其设计细节，又通过模型制作推敲各部分构成关系。这是一个整体递进的思维过程，通过思考和动手使设计方案不断趋于完善。

（一）家具设计表现形式的目的与意义

1. 记录创意和构想

家具设计在思维方法上是一个感性与理性思维交叉共存的过程，尤其是在造型的初期阶段特别需要灵感和激情。这一时期，感性思维占有主导性地位，设

（五）市场营销

"顾客是上帝"，再好的家具产品最终都要经过市场的检验。市场营销即是家具产品向商品转化的重要环节，它是家具开发设计整体工作的延续和产品价值最终可实现的重要一环。在市场条件下，家具的生产

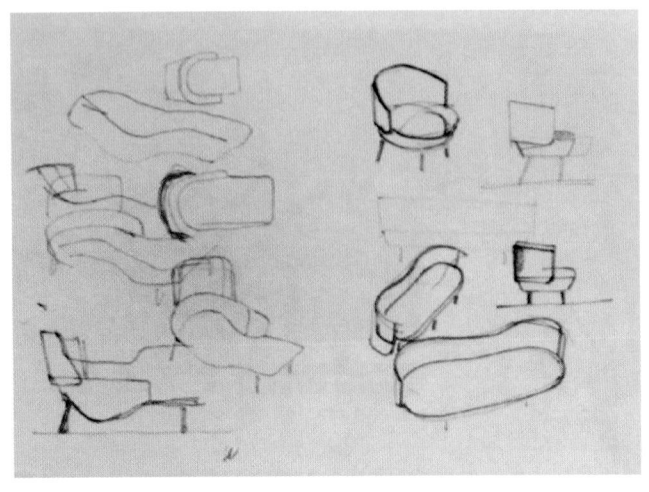
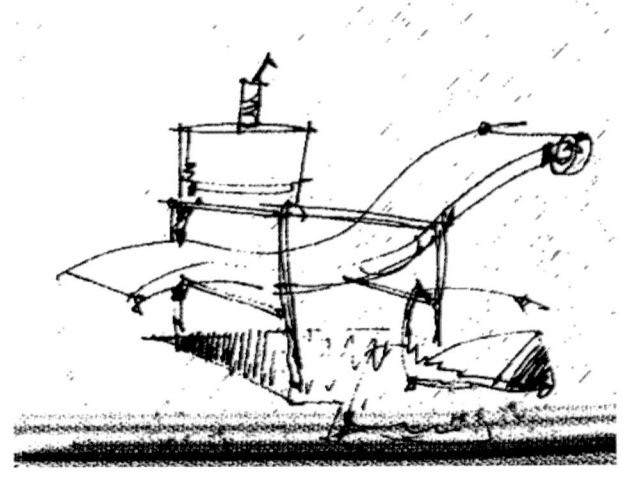

图4-5 设计创意灵感闪现转瞬即逝，须及时记录构想的火花

计灵感和创意构思具有突发性、偶然性，它们都是瞬间闪现并会转瞬即逝的，因此，对于闪现的创意火花，设计师需要及时将其记录下来。图形相较于语言、文字等相关的设计表达，有真实和直观的优势，是设计师非常倚赖的一种表达方法。随着新产品开发周期越来越短，势必要求提高工作效率。因此，设计师必须具有较高的设计表达功力，准确地表达出自己的创意构思（图4-5）。

2. 推敲创意与构思

家具设计初始阶段的构思方案，并不都是完善的设计，有些方案会因种种原因而放弃，有些则有进一步深化的可能，而有的则可进行打散重构。总之，它们都具有极大的不确定性和各种可能性，甚至设计师会在研究推敲的过程中冒出新的灵感，给设计带来新方向和契机。此时，家具设计图面记录和表现，可以使设计师对众多的设计方案进行直观的研究、分析、评价和筛选，在更大的空间中延伸扩展设计构思的范围，使设计和创意得到进一步的深化（图4-6）。

3. 展示效果，阐释文本

家具设计方案的最终敲定需要与设计经理和客户进行沟通，在进行这种沟通时，家具效果图最有利于直接、全面地展示设计效果和阐释构思。因为效果图可

真实地将空间、形体、结构、透视、质感模拟成为家具的最终效果，辅以相应的文字，即可清楚地传递出设计理念。它具有文字和语言等手段所不具有的视觉和效果，对于人们理解设计构思有极大的帮助。

家具效果图也是企业展示设计和推销产品的一种手段。家具精细的效果图具有良好的展示性，能逼真地呈现家具的造型美感；精湛的设计表现技法也有利于突出家具产品的艺术效果，增加人们对家具产品特性的了解和增强印象分值，会更大地激发人们的联想，促进家具产品的销售宣传。这些特征都是产品摄影所不能企及的。因此，采用设计表现图来展示产品，有助于吸引年轻消费者，促进销售（图4-7）。

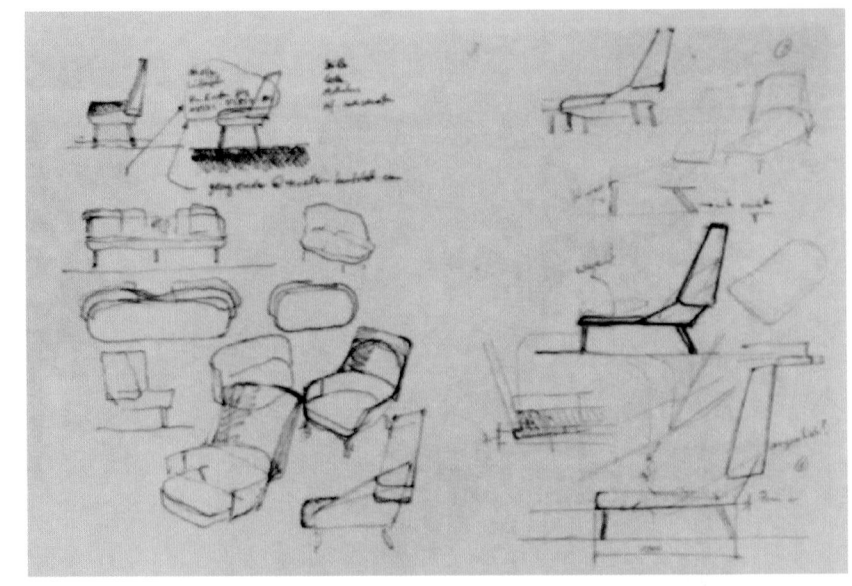

图4-6 将初步方案推敲研究，以期带来新的方向和契机

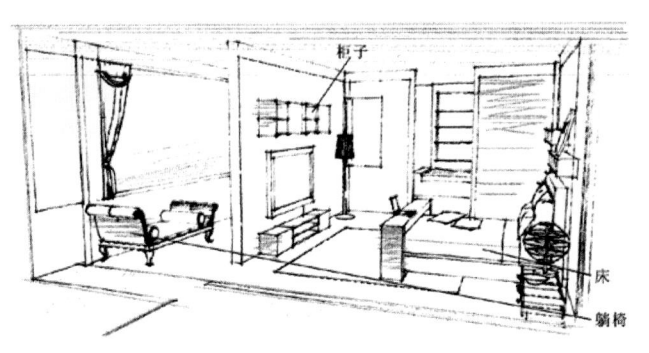

图4-7 家具方案及效果图可展示技术规划及设计理念

4. 比较与整合的平台

家具设计和创新是一个团队协力合作的过程。设计师在工作中，往往要与各个部门的技术人员如结构工程师、工艺工程师、生产人员、市场销售人员等进行交流和配合，目的是让各个工种的人员了解设计方案，并研究生产的可行性。家具设计表现图及模型在设计师与各方交流合作的过程中是最为直观、清晰、易懂的交流语言，可以跨越各种专业领域的界限，提供最佳的交流方式。

（二）家具设计表现形式的特征

1. 快速便利性

设计表现图是表达设计意图、展示设计效果的最为有效的方法，它不受对象、时间、地点的限制，可以随时随地记录和展现创意灵感或与客户交流，大大缩短了构思和交流的时间。快速性表现是家具设计手绘及专业功力的集中体现，作用巨大。当构想像火花一样闪现之时，需要快速用笔将构想转化为形象。设计初期的创意构思表现主要以手绘图为主，在很多正式和非正式的场合如会议期间或车间现场等地，都可以很方便地用手绘这一简便工具语言进行技术交流。而且手绘设计图有着极强烈的个人风格和艺术特色。一幅看起来潦草和不太完整的徒手绘制的家具设计图，是设计师对产品的设计思考的风格和印迹（图4-8）。

2. 原创性

创新、艺术性是家具设计的境界所在，也是家具设计表现的高层次追求。如果没有一个好的表现形式，家具设计作品就缺乏原创的个性表现，在业务洽谈和技术交流中就不能很好地引人关注。原创设计是企业实力和形象的体现。家具品牌总是基于具有独特个性并体现出灵感和创造性的新形式，高质量的设计表现图能引发人的创作激情和开启创造的思维（图4-9至

图4-8 设计的快速表现缩短了构思和交流的时间
（王冰婷、余璐琪绘）

图4-9 美国、奥地利原创椅子手绘设计图

图 4-11)。

3. 设计说明性

作为交流的手段，家具设计表现效果图、模型都比语言文字描述的更为直观和有说服力。利用草图、透视图、效果图、模型等具象的手法对有形家具的形态、结构、色彩、质感、尺度结合工程技术要求进行阐释，

这些都有利于设计者表达设计意图，起到全面说明设计目的的作用。因此，家具设计表现具有高度的说明性（图 4-12、图 4-13）。

4. 真实性和艺术性

设计师在家具设计中无论采用哪一种表现手法，都应该秉承完整、真实、生动的原则，整体均衡地表现家具的外观造型和结构等特征，客观形象地表现出未来产品的真实面貌，它需要完整地传达家具设计的造型、材料、结构、色彩、工艺等信息，切不可只考虑、突出单方面的元素而违背上述原则，要使所表现的家具形象直观真实，一目了然，是实实在在的设计作品。

家具设计的艺术表现，如同每个人的 DNA，都有自我的基因密码，从艺术性和个性角度讲都是独一无二的。家具设计表现图是以艺术的手法为基础的表现方法。这种表现更多的是建立在对构图、透视形态、颜色、材质等元素的运用之上。设计师通过对造型元素的艺术性创造，将一个全新的形象艺术化地呈现出来。这种表现手法具备独特的艺术美感，能给人以赏心悦目的感觉（图 4-14）。

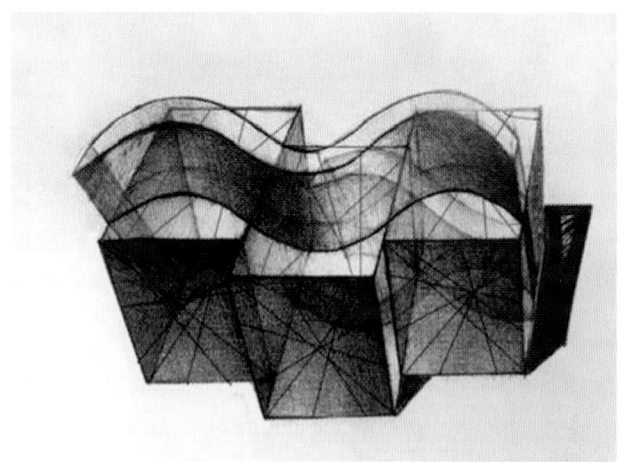

图4-10 运用直线与曲线构成的几何形家具设计

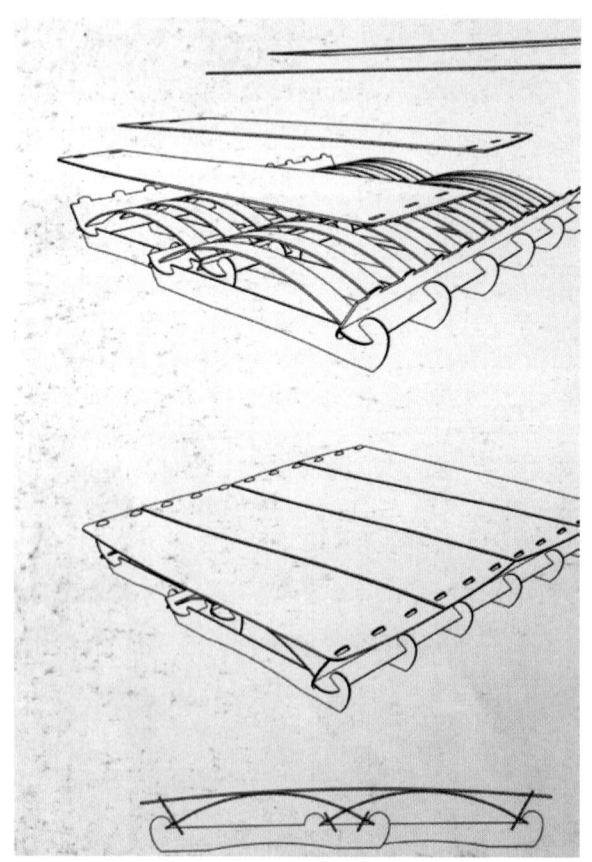

图4-11 运用预应力材料设计的家具结构预想图

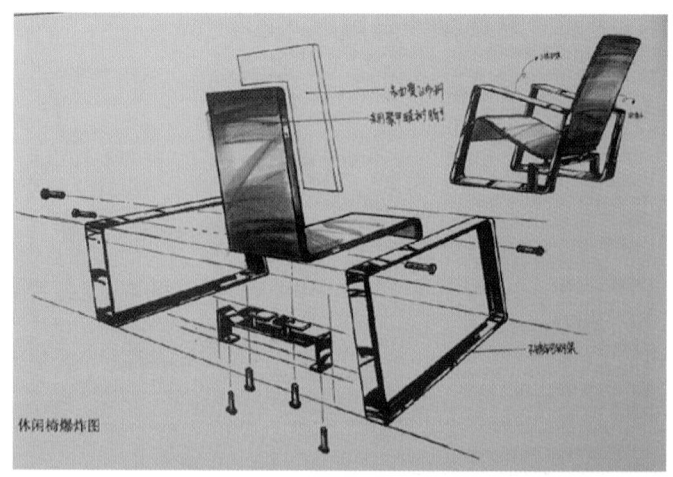

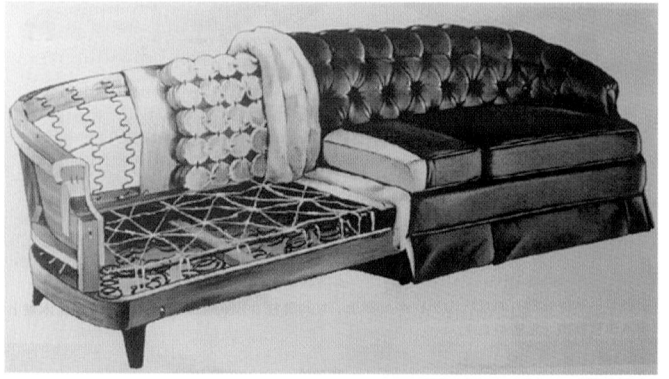

图4-12 表现图中有家具的功能、结构及技术要求等说明

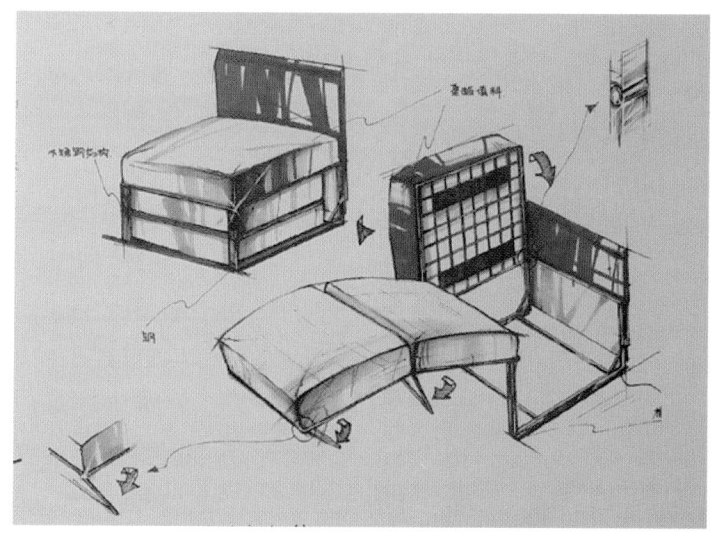
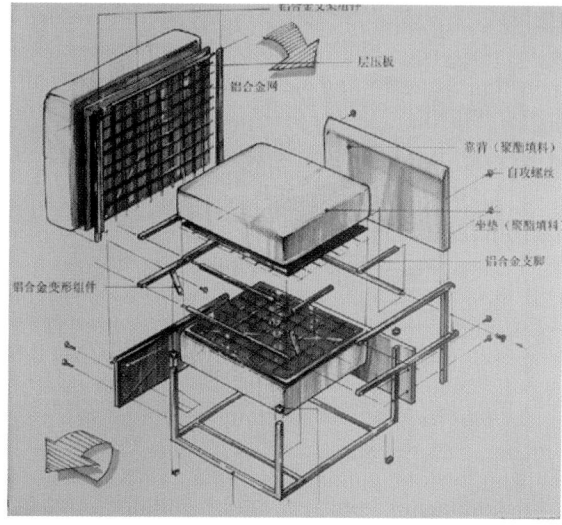

图4-13 对沙发椅折叠功能、结构及预想效果进行设计绘制和说明

图4-14 家具效果图在造型、材料、结构上要反映未来产品的面貌

（三）家具设计图形表现形式

图面图形是设计师的专业语言，是一项专业表达技能。它通过生动、逼真的视觉形象向外界展示设计者的构思。家具设计的图形表现是以平面的介质（纸张、黑板等）为载体，通过画图工具将抽象的概念视觉化、形象化的过程。家具图面表现服务于家具设计的程序，图面的表现形式选择与设计进程具有一致性。家具设计的实施是一个反复和循序渐进的过程。在不同的设计阶段，考虑的重点不同，表现手法也不同。

1. 家具设计手绘草图

家具设计草图是设计者在设计初期阶段，根据设计的构思，对家具的形态、尺寸、比例进行初步表现的一种图绘形式，是家具设计师在最初的造型构思过程中将设计的灵感和想法快速记录表达的描绘方法。

草图也最能体现设计师的性格和设计风格。家具设计草图按其功能和作用不同可分为记录性草图和思考性草图（图4-15）。

图4-15 巴西建筑大师奥斯卡·尼迈耶用草图表述设计构想

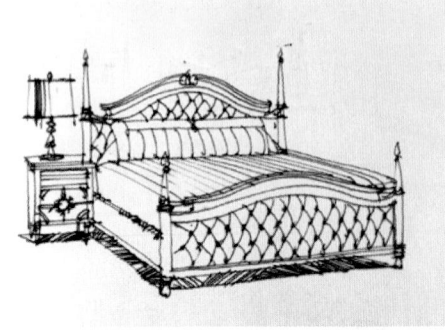

图4-16 记录性草图

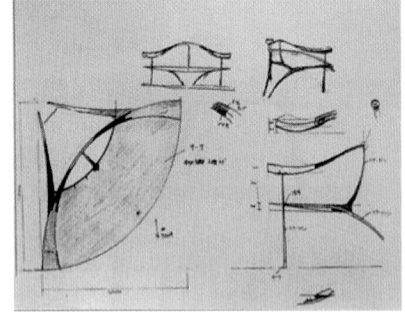

图4-17 设计初期绘制的思考性草图，为方案进一步深化及研究打基础

（1）家具设计草图的分类。

①记录性草图。记录性草图是设计师用于收集资料和构思整理的草图。这些草图对于设计师积累设计经验、拓宽思路、触发想象有着很好的作用，起到了备忘录的作用。因此，这类草图的绘制通常是粗放和工整兼有。草图还可配有局部细节特写图或结构图，用来标注独特的结构或复杂的工艺（图4-16）。

②思考性草图。思考性草图是设计构思中推敲、比较并加以记录，以便不断地进行再思考和深化的草图。它更多地体现出一种思考的过程。家具设计小到一个面的转折和细部结构的连接都需要设计师进行反复的思考和对比，根据需要可配以相应的文字注释，形成图文并茂的草图。思考

性草图在绘制上没有任何形式的规范约束，只要能够说明问题，设计师可根据自己的习惯和技法进行自由发挥（图4-17）。

（2）家具设计草图的特征。家具设计草图是一种快速、便捷的图面表现形式，能在较短的时间内，将转瞬即逝的灵感、创意通过速写的形式记录下来。在家具的前期研发中，设计师的构思创意要针对发现的问题寻找可能的解决方法，这个寻找的过程需要设计师尽可能多地运用自己的设计经验。这时的设计师需要的是不同的设计思想的碰撞和智慧的闪现，因此，设计师必须随时随地以简单、概括的图形配以简要的文字说明记录下所有构思，其中有些可能是些杂乱无章的想法，但却为进一步深入分析和后续启发提供了依据。这一阶段的设计草图只求量多而不求质高，因为每一个草图的构思都代表一个发展方向，这个阶段更注重的是画图的速度，应尽可能多地绘制家具设计的构思草图，为之后对方案的深入探讨和选择留足初期的设计想法和资料（图4-18、图4-19）。

图4-18 何镇强的线描草图将中式家具基本的造型用娴熟的手法记录下来

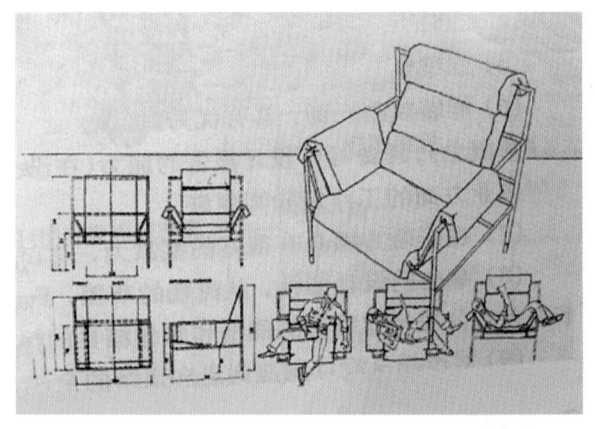

图4-19 美国设计师雷普森设计的轻便沙发，用线描形式将创意想法记录下来

（3）家具设计草图的作用。家具研发过程中，设计团队的众多设计师会聚在一起将自己的创意构思和想法进行商讨和交流。如果一个设计师不能用草图迅速、准确地表达构思，其工作必将受到很大影响，其专业能力也将受到质疑。设计草图与绘画速写有相同点也有不同之处。设计草图更侧重于体现设计师进行构思和反复推敲的过程，起着整理、比较、引导思维清晰化的作用，还包括相关尺寸标注、文字注释、色彩搭配、结构关系等内容（图4-20、图4-21）。

2. 家具设计手绘效果图

家具设计手绘效果图又称家具设计预想图，是在家具设计的造型研讨和造型方案决定阶段所使用的，其绘制比较细致详尽。

（1）家具设计手绘效果图分类。

①家具概略效果图。设计师在对构思草图分析评估后，有选择地将可行的草图纳入概略效果图的表现

阶段。随着设计展开和深入，家具的造型已较为成熟。此阶段的任务是将形态特征、内部结构、选用材料及加工工艺等内容用绘制家具概略图的方法确定下来。概略效果图是介于设计草图与精细效果图之间的一种图式，应较为清晰、严谨地表达出家具的基本形态和造型特征，可省略细节。它主要用于分析、推敲、评价和完善方案，以及与他人进行交流和沟通（图4-22、图4-23）。

②家具设计深化效果图。家具设计深化效果图是设计细节确定之后所绘制的较为精细的预想图。要求细致地描绘包括形态、色彩、质感、表面处理以及结构关系等家具的全貌。深化设计效果图的作用是给设计审核、模具制造、生产加工等与产品开发相关的部门提供完整的技术依据。效果图需配以相应的设计尺寸、工艺手段等技术说明，便于相关人员了解设计信息和相关数据（图4-24至图4-26）。

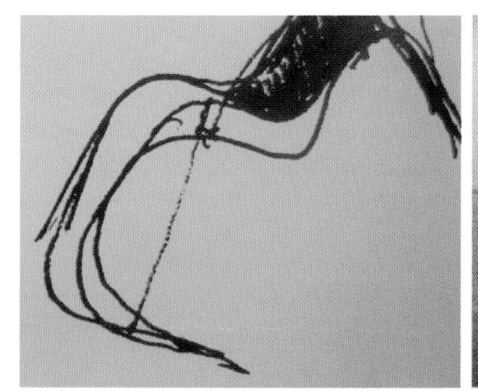

图4-20 休闲椅设计的草图记录了作者设计构想的雏形

图4-21 几何形家具草图对结构进行分析和推敲

图4-22 有景深及环境关系的成套家具设计方案效果图

图4-23 家具设计的概略效果表达

图4-24 家具设计深化效果图展示产品的真实效果

图4-25 有场景关系及细部的效果图（于伟杰、宋爱玉绘）

图4-26 现代明式家具设计效果图（崔闽清绘）

（2）家具手绘效果图的材料及工具。"工欲善其事，必先利其器"，要准确、生动地绘制家具表现图，离不开专业的绘制工具。只有做到对各种工具了然于心，才能根据不同的需要快速、准确地表现自己的设计方案。家具手绘效果图用具主要有：纸张、画笔、颜料、尺规及辅助工具。

①纸张。绘制手绘效果图不建议使用过薄、过软的纸张。不同的纸质其重量、密度、肌理、吸水性均不相同。纸张密度决定纸的表面纹理细腻程度，密度越大，其纹理越细腻。吸水性与纸张的光洁度相关，光洁度高的纸张吸水性弱，粗糙的纸张吸水性强。常见的绘制表现图用纸有白卡纸、水彩纸、素描纸、彩卡纸等。其中，白卡纸适宜马克笔的绘制；彩卡纸适合于钢笔或炭笔勾线并与提亮用的白色粉笔配合绘制；水粉、水彩纸表面有不同深浅纹理的网状坑纹，能处理出特殊的肌理效果。

②效果图绘制用笔及颜料。绘图铅笔、彩色铅笔、钢笔、自来水笔、马克笔、金银黑白笔、毛笔、排笔、喷笔、水彩、水粉画笔等均可用于家具效果图绘制。其中，铅笔、自来水笔是绘制初稿及绘制单色图运用较多的工具，马克笔、毛笔等主要用于效果图的着色，

排笔、喷笔主要用于背景等大面积的涂色，而细节的刻画则常用小号绘画笔和毛笔等。涂色颜料主要为水彩、水粉颜料及水色、色粉等（图4-27至图4-30）。

③尺规类及其他辅助工具。尺规类工具用来绘制精准的线条，常见的有直尺、丁字尺、放大尺、比例尺、模板、绘图仪、圆规等。除此之外，还有一些效果图表现时所需要的其他工具，如调色盘、碟、笔洗、橡皮、刀、擦图板、遮盖胶片和遮挡膜、高光笔、修正液、清扫工具等。

（3）家具手绘效果图的表现类型及特征。无论是手绘家具概略效果图还是家具深化效果图，按照其表现形式的特征不同，又可以分为水彩效果图、水粉效果图、彩色铅笔效果图、马克笔效果图、综合技法表现图等。

①水彩效果图。水彩是最为传统的一种艺术设计表现形式，特别是在建筑设计领域有很长的应用历史。

图4-27 绘画铅笔是最为常用的单色绘制工具　　　　　　　　　　　图4-28 钢笔绘制的单色效果图

图4-29 铅笔绘制的单色效果图　　　　　　　　　图4-30 水彩笔

水彩是透明材料，具有透明性好，色彩淡雅、细腻、明快的特点，尤其适于表现透明和反光的材质。水彩效果图要求起稿图形要准确、清楚。水彩不易修改，因此水彩效果图上色要依照先浅后深、先远后近的原则，层层推进，亮部与高光部分则应预先留出。绘制时应注意用笔的水分控制，通

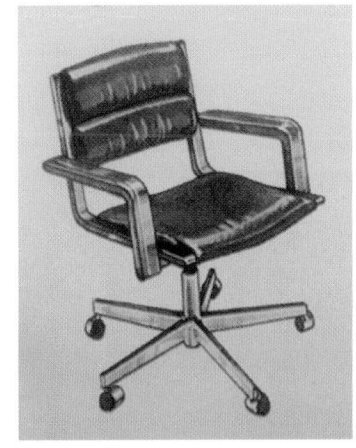

图4-31 贵妃椅效果图　　　　　　　　图4-32 转椅效果图

过控制含水量，调整和控制画面色彩的浓淡、空间的虚实、笔触的意境等（图4-31、图4-32）。

②马克笔效果图。马克笔一般分为水性、油性和酒精性三种。在家具设计表现中具有携带使用便利、绘制快速的优点，初学较易于上手。

马克笔可用于画简洁的草图，也可用于深入描绘，是设计师必备的绘图工具。马克笔色彩丰富透明，效果清透亮丽、明快淡雅，表现力强，画面有笔触感，适合表现质感较强的材料，如金属、玻璃等。绘制力求一次到位，避免反复涂画及对比色交叉上色。绘制时要注意运笔和排线的方向感和疏密感，以使效果图具有张力和气韵。

马克笔绘制的效果图光影与明暗对比强烈，具有较强的视觉冲击力，其缺点是对于形态的微妙变化较难表现出来。因此，在绘图时通常要跟其他工具材料配合使用，如彩铅、色粉、水彩等，以发挥特色互为补充，达到理想的绘制效果（图4-33、图4-34）。

③水粉效果图。水粉是不透明的颜料，色泽浓厚饱满，覆盖力强，用色时可修复涂改，既可干画又可湿画。表现效果真实感强，易于塑造产品的质感和各种关系，适合表现一些表面吸光、软质、粗质感的材料。水粉效果图绘制上色步骤灵活，要注意掌控好画面的宏观效果，落笔应大胆干脆，不拘泥于细节。水

粉效果图表现要注意含水适度，防止出现粉、脏、灰、花的色彩现象（图4-35、图4-36）。

④彩色铅笔效果图。彩铅具有使用简洁、方便、灵活的优点，颜色丰富，一般分为纯色系、冷灰色系和暖灰色系。彩铅在表现渐变的色彩效果上具有优势，能较好地表现大面积的平滑过渡面和柔和的反光，尤其适合塑造各种双曲面以及以曲面为主的复杂造型。绘图时颜色要由浅入深逐层进行，先明确对象最大的过渡面，然后再深入刻画（图4-37）。

⑤综合技法效果图。每一种表现形式和技法都有其优势和缺点，为了使表现的产品更贴近真实效果，可将多种材料和技法综合起来运用，发挥各自所长和相互补充，在绘图时应以画面的协调统一为出发点，选择一种材料和技法为主要绘制手段，即画面的较大部分用这种技法，其他部分或细节刻画选用其他技法，如马克笔和色粉的综合、水彩和彩铅的综合等等。其绘制总的规则是先绘制大的部分，然后进行局部和细节刻画，在绘制中应注意调整好画面的整体关系（图

图4-33 马克笔绘制的现代明式家具效果图（黄为绘）

图4-34 马克笔绘制的客厅中的沙发（苏桂红绘）

图4-35 水粉绘制的沙发和茶几效果图（高丕基绘）

图4-36 水粉绘制的中式家具商场设计方案（朱仁普绘）

4-38）。

3. 计算机效果图

计算机效果图具有准确精密、处理速度快、质感逼真等其他手段不能比拟的优势，能带来极其真实的视觉观感，还能提供多种视觉特效，如扭曲、变形、灯光特效、曲面过渡、质感变化等。计算机绘图可以使较复杂的设计构思表现出来，运用多种二维、三维及图形处理软件如 3Ds Max、Maya、Pro/E、Sketch Up、Photoshop、Illustrator、CorelDraw 等设计、绘制家具的工程和透视渲染图。当下，掌握计算机效果图绘制已成为家具设计师的必备技能（图4-39）。

图4-37 彩色铅笔绘制的家具效果图（崔笑天绘）

图4-38 综合技法绘制的家具效果图

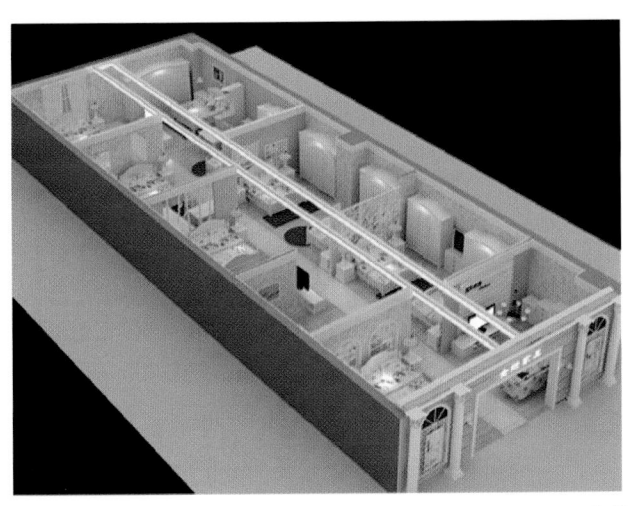

图4-39 计算机绘制的家具效果图

4. 家具结构装配图

家具结构装配图是家具生产环节使用的图纸，是家具投入批量生产的技术文件和依据，图纸应全面表达家具的整体结构，表现出家具的内部结构、装配关系、零部件的尺寸和形状、家具的连接方式等详细内容。它直接影响家具最终的加工效果和质量标准。家具设计师熟知家具结构装配图十分必要，它不仅有助于设计师在深化设计阶段的结构选型，而且还能使设计作品与生产工艺顺利对接，使家具设计师处于主动的地位。有些家具设计在生产中之所以加工不出来，很大程度是因为设计师对结构和工艺缺乏了解。目前很多家具企业都配有结构工程师，目的是使创意设计能顺利投入生产线进行批量生产。

家具结构装配图须按照《家具制图标准》绘制，图号、图纸编目要清晰，做好归档留存以便复制和检索。

家具结构装配图主要包括装配图、加工说明与要求、材料等（图4-40、图4-41）。有时还要根据生产批量和技术要求绘制部件图、零件图、大样图等。

（1）视图。主要包含基本视图、局部详图以及零部件局部图几部分内容。基本视图通常采用呈现内部结构的剖视图绘制，基本视图须按比例缩小绘制，局部细节通常配1:1比例的大样详图加以说明。

（2）尺寸。除了标注家具的形状外，还需标注出生产过程需要的详尽尺寸。尺寸主要包括家具的总体轮廓尺寸、部件尺寸、零件尺寸以及零部件的定位尺寸。

（3）零部件明细表。零部件明细表是一个包括所有零件、部件、附件以及其他材料的材料清单，是随着结构装配图等同时下达的。零部件明细表需注明：零部件名称、数量、规格、尺寸、材料（木质材料还需标注树种、材积等）。明细表中所标尺寸均为加工后的最终净料尺寸。

（4）技术条件。技术条件是指家具生产所要达到的各项设计要求的质量指标，如家具尺寸的精度、形状精度、表面粗糙度、表面装饰质量等。技术条件验收标准的重要内容，可在图纸中标明或用文字说明。

家具的机械化、标准化生产使得家具的加工及结构装配图趋向简化。在零部件齐备的情况下，结构装配图是指导操作者依据图纸将家具装配成产品的图样，只需标注零部件在家具中的位置及与其他零部件的装配关系即可。

5. 零、部件图和大样图

装配图通常不能详尽地表达结构零部件，为了保证生产质量，通常还需要根据要求绘制部件图、零件图和大样图。

（1）部件图。部件是由零件组装而成的独立配件，如家具中的抽屉、脚架等。为了保证部件可以跟其他零件及部件顺利正确地装配成家具，部件上的每一个结构都应绘制清楚，尺寸标注应该详尽、准确。生产的技术要求也在图样上一并标出，每一个部件图都需要配以单独的图框和标题栏（图4-42）。

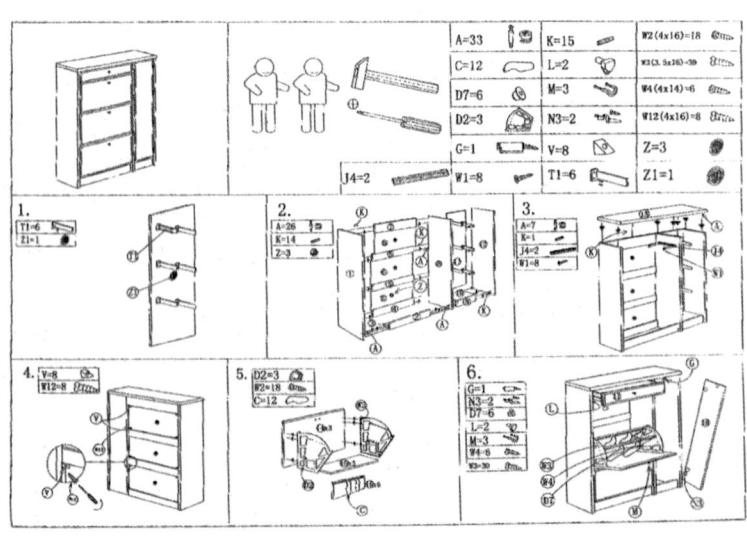

图4-40 家具结构装配图

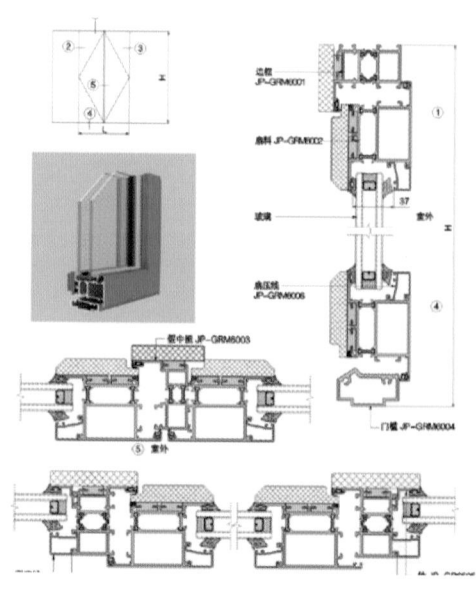

图4-41 家具装配图

（2）零件图。零件图是加工零件时使用的，应满足对家具零件形状、尺寸的设计要求，也应便于在加工过程中下料，应清楚标注出所有与零件加工相关的技术要求。绘制零件图时应一个零件配一个图框，不可一个图框绘制多个零件（图4-43）。

（3）大样图。大样图是根据图纸绘制的1:1比例的零部件样板，常用于表示家具中某些造型特殊的零件，如常见的曲线形零件。大样图对于生产所需的尺寸等内容也应详细标明（图4-44）。

（四）家具模型表现形式

家具模型是家具造型设计的重要表现形式，是设计交流的语言，属于三维立体形体，可将二维的设计转化为立体的、可触的逼真家具设计方案。它是以实体的形体、线条、体量、材质、色彩等元素所构成的立体形态来表达创意和设计，是家具设计草图、三视图、效果图的进一步深入和验证，可反映三维空间中家具的尺度、人机工程学原理、比例、材料与结构的关系、材质效果、表面处理、细节以及家具各部件的空间关系等因素的合理性和准确性。这种接近真实的模型对于方案的进一步完善优化、评估、细节推敲具有积极的作用（图4-45、图4-46）。

1. 家具模型表现形式的特征

（1）立体直观。家具模型是三维形态的实体，同

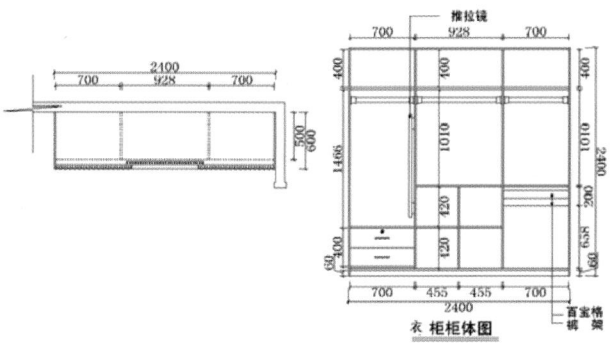

图4-42 家具部件图（单位：mm）

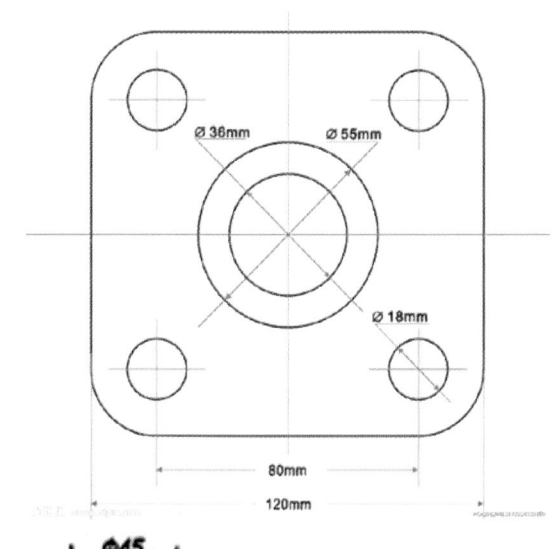

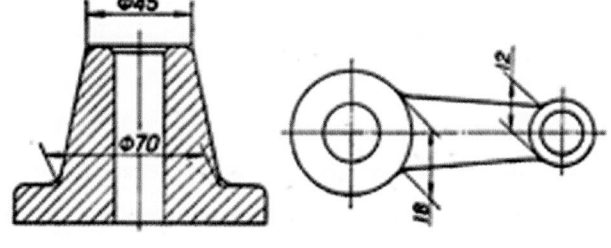

图4-43 零件图

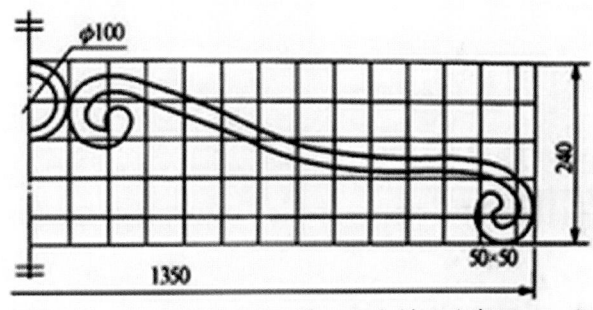

图4-44 大样图（单位：mm）

图4-45 川音成都美术学院学生设计制作的家具模型

图4-46 顺德职业技术学院学生设计的作品

图4-47 顺德职业技术学院学生制作的家具模型

图4-48 东京家具展上观众进行体验

时可反映家具的使用状况与环境之间的关系，让人感受到家具制品的真实性，有利于设计师从消费层面和市场角度进行沟通和设计思考（图4-47）。

（2）可触碰性。家具模型是以合理的人机工程学参数为基础，所用的真实制作材料均可触摸，这便于体验产品和对其进行多角度、多维度的观察和感知，以获得回馈和反应，帮助设计者发现设计的盲点，进一步改进优化方案并获得最合理的形态（图4-48）。

（3）低风险性。面对激烈的市场竞争，家具企业新产品开发是一个高投入、有市场风险的行为，研发中的环节多，花费财力大，有设计失败的风险。但模型制作可以小批量进行，不受机械化批量生产的成本制约，可以为企业储备多种方案进行市场营销，能得到消费者的反馈和评价。模型也可为企业提供较精确的成本核算数据，便于进行工艺合理化的调整。

2. 家具模型表现形式的种类

家具模型的选择使用应符合不同设计阶段的使用需求，设计师应采用不同的模型材料和加工方法来表达不同阶段的设计意图。家具模型根据功能不同可分为研讨型模型、展示型模型和功能性模型。

（1）研讨型模型。研讨型模型也可称为构思或草案类模型，是按构思草图制作的一种简单表达家具基本形态和体面关系的模型。它的功能是设计初期进行方案推敲和形态调整。它主要表现家具造型大的基本形态、比例尺寸及空间关系。可根据构思需要制作多款模型以便于比较、分析、评估和综合。鉴于该模型的特点，其选材通常为易于加工成型和修整的黏土、油泥、纸材、石膏及泡沫等（图4-49、图4-50）。

（2）展示型模型。展示型模型又称仿真模型，通常采用1:1的比例制作，用来表现家具制品在卖场上最终真实的形态、色彩和材料质感的视觉效果，有很好的展示效果。其对家具内部的结构不需要制作精细。制作材料通常是有良好加工性能的石膏、木材、塑料、金属等（图4-51、图4-52）。

（3）功能性模型。此模型主要是用来表现和研究家具内在结构构造，检测家具人机关系。它讲求家具

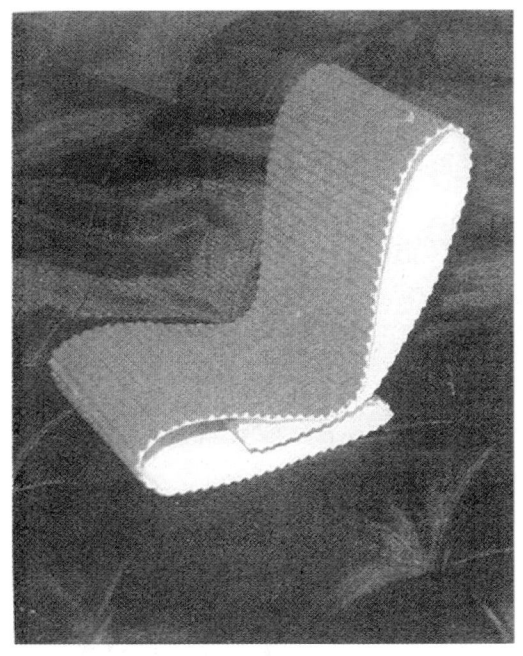

图4-49 构思初期的家具草模可供进行研讨

图4-50 四川国际标榜职业学院学生制作的家具模型

图4-51 仿真模型展示（顺德职业技术学院学生作品，指导教师：彭亮）

图4-52 四川国际标榜职业学院学生家具设计作品

构造的效用性和合理性，并在一定条件下进行各种性能检测实验，记录测量数据作为设计研究的依据。通过对家具整体和局部功能的试验，有利于对家具功能进行完善和改良（图4-53、图4-54）。

3. 家具模型制作常用工具及设备

家具模型制作工具主要包括度量、切割、锉削、加持、开孔、加热等工具。

（1）度量工具。常用的度量工具有直尺、卷尺、角尺、游标卡尺、半圆仪、厚薄规、高度画规、内外卡钳、云形板等。

（2）切割工具。常用的切割工具有剪刀、美工刀、勾刀、管子切割刀、钢锯、钢锯条、小钢锯、圆规锯、曲线锯（钢丝锯）、弓锯、刀锯、开孔锯、割槽锯、木框锯、板锯等。

图4-53 功能性模型
（顺德职业技术学院学生作品，指导教师：彭亮）

图4-54 功能性模型（川音成都美术学院学生作品）

（3）锉削工具。常用的锉削工具有木锉、钢锉、整形锉、金工錾、木工凿、木刻刀、塑料锉刀、砂轮机、砂磨机、修边机等。

（4）加持工具。常用的加持工具有台钳、夹紧器、手钳等。

（5）开孔工具。常用的开孔工具有木工凿、金工錾、塑料凿刀、电钻、手摇钻等。

（6）加热工具。常用的加热工具有吹风机、电炉、烘筒、电烤箱、塑料焊枪、电烙铁等。

4. 家具模型制作材料及成型特性

目前制作家具模型的材料常用的有纸板、石膏、黏土、油泥、木材、塑料（ABS、有机玻璃、聚氯乙烯等）、发泡塑料、玻璃钢、金属等。可制作纸模型、木模型、塑料模型、玻璃钢模型、金属模型等。

（1）纸模型及成型特性。纸模型通常选用白卡纸、铜版纸、硬纸板、苯乙烯纸板等作为模型的构成材料。纸板型模型制作加工方法较为简便，只需剪刀、美工刀、尺子、订书钉、胶黏剂。纸模型一般是为了解设计物品大体形态和比例关系而制作的粗略模型，多用于设计构思的初步方案阶段。

（2）石膏模型及成型特性。石膏模型是用熟石膏粉制作的模型。石膏加工性能良好，易于修整，能满足各种造型制作要求，是一种非常理想的模型制作材料。一般采用浇铸法、翻制法、模板旋转法、雕刻法等使石膏大体成型，然后通过刮、削、刻、粘等处理方法很方便地对模型进行加工制作。石膏模型质地细腻洁白，成型容易，具有一定的强度，不易变形，可塑造性强，可涂饰着色，可长期保存。

（3）黏土模型及成型特性。黏土取材容易，具有良好的黏结性、可塑吸附性、脱水收缩性、耐火和烧结性，其加工修改方便，可反复回收使用。黏土模型制作可加入某些纤维以改善和增强黏土性能。黏土模型一般用于制作体积较小的家具模型，主要用于制作构思阶段的供研究用的模型。

（4）油泥模型及成型特性。油泥的可塑性优于黏土，黏结性好，易刮削和雕制，易修改填补，塑造自由度大，且不易于干裂变形，可反复回收使用，可进行较深入的细节表现，适合于塑造小巧精致、不规则形体及曲面较多的造型。但油泥不易涂饰着色。多用于研究性模型和概念展示模型。

（5）木模型及成型特性。木材质轻，柔韧性好，色泽多样且纹理美观，易于进行各种刀削和机械加工，连接简单，表面易涂饰，适宜制作体量较大、外观精细的产品模型。但木材会干缩湿胀，易腐烂变色，有天然缺陷。因此模型选材要求硬度适中，材质均匀，无节疤，干燥良好。常用于木模型制作的有红松、椴木、杉木等。一般在绘制工程图或制作石膏模型取得样板后再制作。多为展示模型和工作模型。

（6）塑料模型及成型特性。塑料模型常用的材料有 ABS、有机玻璃、聚苯乙烯、聚氯乙烯等热塑性板材、棒材及管材。塑料材质较轻，有强度，粘接方便。塑料模型表面展示效果好，精细逼真，能达到仿真效果，多用作小型精细的家具模型和展示模型。

（7）玻璃钢模型及成型特性。玻璃钢的主要成分是增强材料与合成树脂。玻璃钢模型强度高，耐腐蚀，耐冲击碰撞，表面易于涂饰处理，展示效果美观逼真，加工工艺多样，可长期保存，但其质量较大，制作程序复杂，不能直接成型。实践中多采用手糊成型法制作，可塑造异形、抽象、曲面较多的形体。玻璃钢模型常用作展示模型和工作模型。

（8）金属模型及成型特性。金属材料具有较高的硬度、强度、刚性、延展性及可塑性，表面易涂饰，耐久性好，机械加工方法良好，可利用各种机械加工方法和金属成型方法制作模型。金属模型通常用于工作模型。

5. 家具模型制作的成型方法

（1）加法成型。加法成型是通过增加材料扩充造型体量来进行立体造型的一种手法。加法成型通常采用木材、黏土、油泥、石膏、硬质泡沫塑料等材料，多用于制作外形较复杂的产品模型。

（2）减法成型。减法成型与加法成型相反，通过对基本形体进行体量上的删除和修剪，去掉不符合造型设计意图的多余体积，是一个由外向内逐步塑造的过程。减法成型多用易成型的黏土、油泥、石膏等做基础材料，多以切割、雕塑、锉、刨、刮削等手工方式成型。适用于制作简单的产品模型。

6. 家具模型的制作程序

（1）选定方案。采用有三维视觉效果的设计方案草图为依据，绘制基本尺寸比例图，之后按照草图和设计尺寸比例图制作产品的草模并进行初模分析。草图模型应采用制作简单、

易于成型的材料。

（2）准备工作。依据家具的造型特征选择合适的模型制作材料。需要了解材料的加工成型方法，熟悉材料的涂装性能及展示效果，选择和准备适当的制作工具和加工设备。

（3）制订完善的制作加工流程。要详细分析草图和草模，了解和掌握方案模型的内在结构、性能特点，明确模型制作的重点。视模型的体量确定是否须制作辅助构架。制作出产品概念模型后，进行更高一级的评估。根据评估反馈的意见修改模型，直至达到设计生产的定型要求。

（4）表面处理。模型的表面处理包括模型的表面修补，色彩涂饰，文字、商标和识别符号的制作和完善。一件好的模型需要有清晰的细部处理、恰当的肌理和色彩表达。

三、现代家具设计师应具备的基本技能

为胜任开发设计工作，信息时代的家具设计师应具备以下基本技能：

一是应有画草图和徒手绘制设计方案的能力，绘图下笔应快速流畅而不缓慢迟滞，做到快而不拘谨。能迅速地勾出物象轮廓并加以图面的气氛渲染（图4-55）。

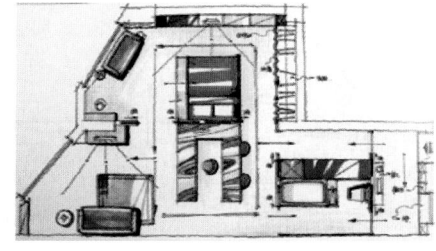

图4-55 设计师须具有手绘草图和设计方案的能力

二是应具有人体工程学方面的知识，能绘制细节完备、尺寸公差很小的图稿。有制作精良模型的能力，可使用多种基础模型材料塑型（图4-56、图4-57）。

三是掌握多种二维绘图和三维造型软件，在设计流程及安排上做到明晰、快速、高效。

四是应有较好的表达能力及与人交往的技巧和公关能力，并具有撰写设计报告的能力。

五是具有较高的形态造型和艺术鉴赏力，具备室内空间规划及实施的基本知识。

六是对家具产品从设计到制造再到市场的流程有基本的了解。了解家具制造工艺，熟悉制造材料。

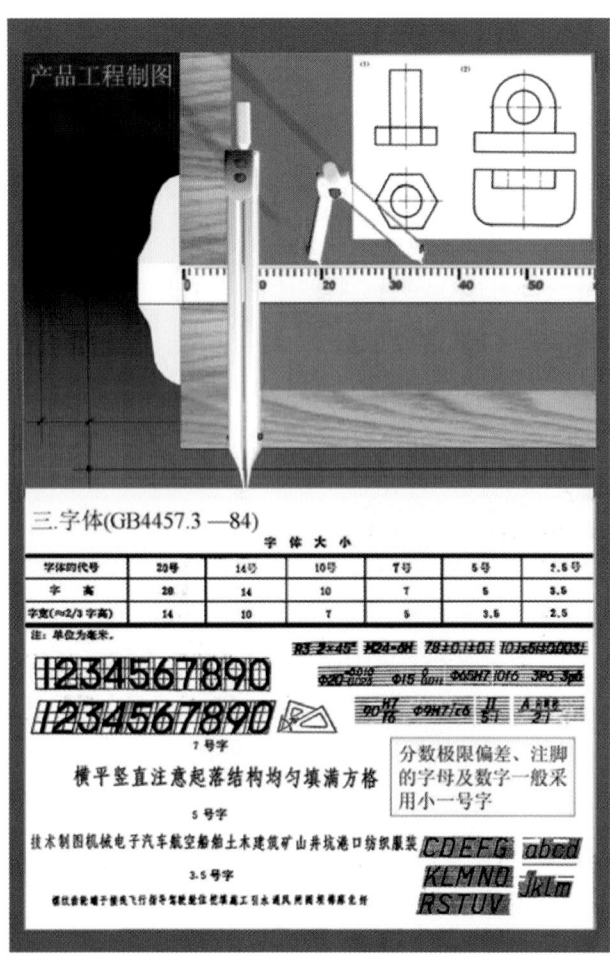

图4-56 设计师应具备家具设计的制图能力

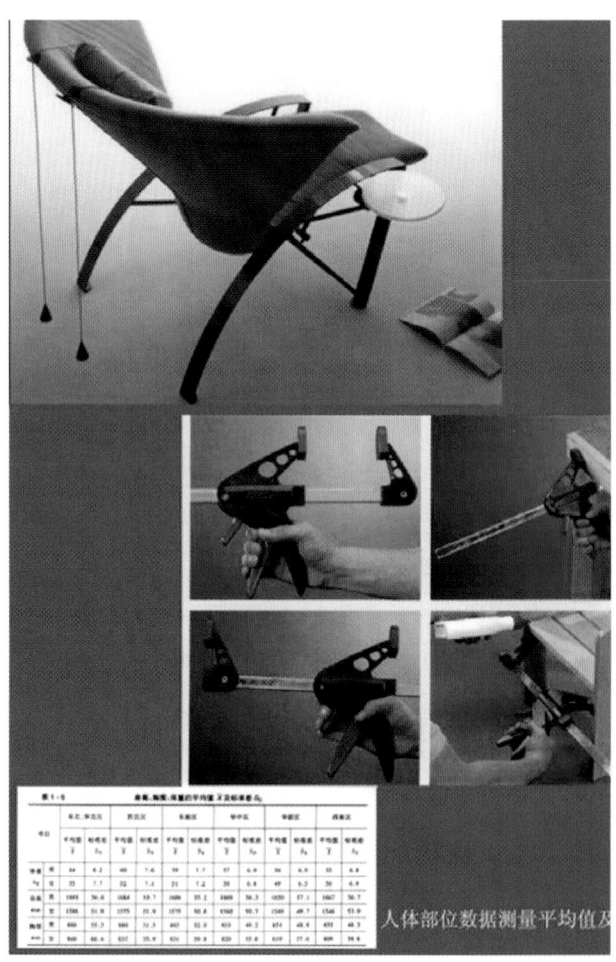

图4-57 设计师应具有人体工程学方面的知识

课程设计

通过此部分的学习，使学生熟知并掌握家具设计的程序和表现方法，了解家具总体设计与各单项设计及支系统的工程管理等问题。使学生具备基本的家具设计表现方法和技能，较熟练地掌握几种家具材质质感的表现技法，熟悉各种设计工具和材料的运用，并能用快速的手法表达设计的创意和思维。

课程建议

临摹室内单体及场景组合设计的手绘表现图，或参照家具图片结合表现技法完成表现图。通过多种设计方法及动态设计思维方式的训练，使学生逐步树立独立的专业设计思维和家具的产业观念，着力培养具备一定的设计运作策划能力及工作严谨负责的复合型人才。

第五部分
家具与人体工程学

JIAJU YU RENTI GONGCHENGXUE

一、人体工程学与家具功能

（一）人体工程学定义

人体工程学是运用人体测量学、生理学、心理学、生物力学及工程学等学科的研究方法和手段，综合地进行人体结构、功能、心理以及力学等问题研究的学科。国际人类工效学学会（IEA）为人体工程学下的定义是："人体工程学是研究人在某种工作环境中的解剖学、生理学和心理学等方面的各种因素，研究人和机械及环境的相互作用，研究在工作中、家庭生活和休闲时怎样统一考虑工作效果、人的健康、安全和舒适等问题的学科。"（图5-1）

人体工程学的显著特点是，在认真研究人、物、环境三个要素本身特性的基础上，将人与物以及他们所共处的环境作为一个系统来研究。在这个系统中，人、物、环境三个要素之间相互作用、相互依存的关系决定着系统总体的性能（图5-2、图5-3）。

（二）人体工程学与家具设计的关系

现代家具设计的重要理念是"为人而设计"，一切的考量是基于"人"的因素进行设计和规划的。从过去单纯的"功用设计"走向综合的"生命设计"，设计的目的已定位为提高人们生活品质和质量，体验新的生活，创造新的生活方式。这就是人们常说的以人为本的设计理念（图5-4）。

根据人类的生活和社会活动经验，总结人与家具和物之间的关系，可以将家具划分成三类：第一类为与人体直接接触，起着支承人体活动作用的坐卧类家具，如椅、凳、沙发、床榻等；第二类为与人体活动有密切关系，辅助人体活动，起承托作用的凭倚类家具，如桌台、几、案、柜台等；第三类为与人产生间接关系，起着储藏物品作用的储藏类家具，如橱、柜、架、箱等。这三大类家具基本上囊括了人们生活及从事各项活动所需的家具功能形式。家具设计的基本要求是，依据人体的尺度及使用要求，将家具的技术与设计艺术

图5-1 为缓解身体骨骼压迫强度的"平衡"工作平台

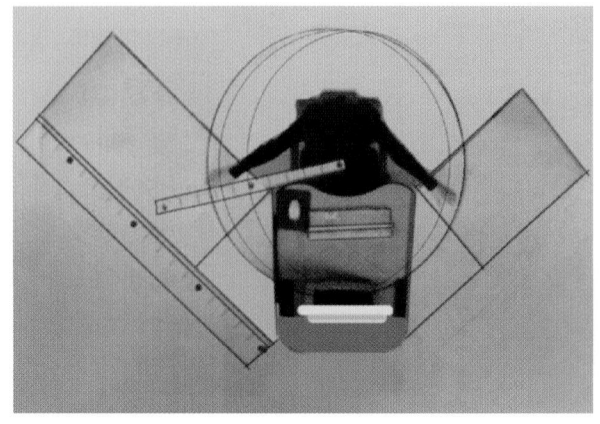

图5-2 研究测试人机关系及获取工程数据的设备

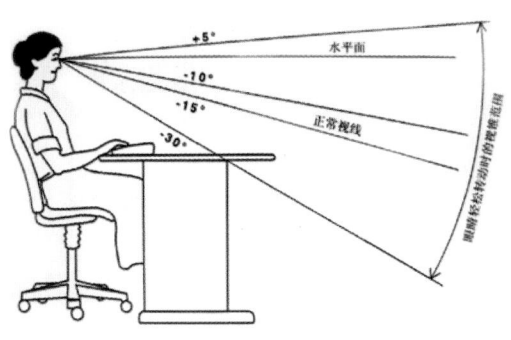

图5-3 家具设计是基于人体多因素进行考量的

图5-4 约里奥·库卡波罗将人体工程学应用于对办公座椅的测试

等诸要素完美地结合，制造出既美观又舒适的现代家具产品。

二、人体基本知识

人的动作和习惯多变且形态变化复杂，人的各种动势都会显示出其形态所具有的不同尺度和占有的不同空间。从家具设计的角度来看，依据人体在不同姿态下的肌肉、骨骼结构的作用来设计家具，能够将体力的损耗和肌肉的疲劳减小到尽量低的程度，从而提高工作效率。因此，对人体的结构和动作进行科学深入的研究，对家具设计来讲是最为基础性的工作。

（一）骨骼系统

骨骼是家具设计测定人体比例、尺度的基本依据。骨骼的连接处为关节，人体通过不同的关节进行着屈伸、回旋等，形成各种不同的动作和姿态。研究人体各种姿态下的骨关节运动与家具的关系，目的是使家具能更好地适应人体活动及承托人体的动作（图 5-5 ）。

（二）肌肉系统

肌肉的收缩和舒展支配着骨骼和关节的运动。在人体保持一种姿态不变的情况下，肌肉因处于长期的紧张状态而极易产生疲劳，因此人们需要经常变换活动的姿态，使各部分的肌肉收缩得以轮换休息。因此在坐卧性家具设计中，要特别研究家具与人体肌肉承

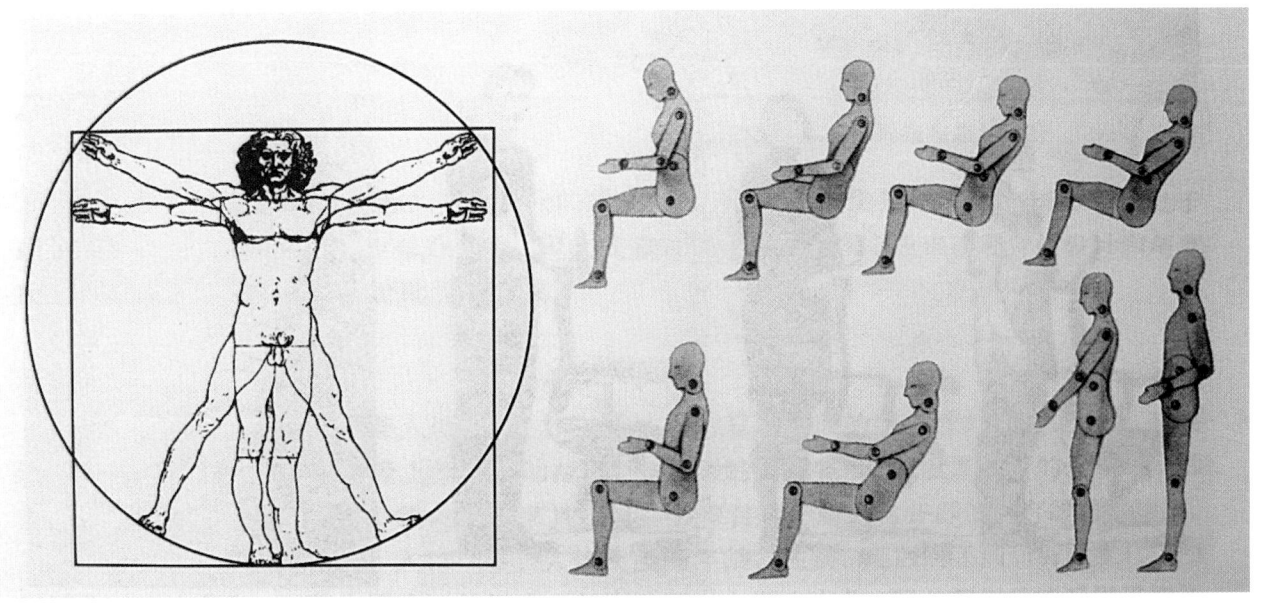

图5-5 人体比例基本尺度（左）和人体主要关节点（右）

压面的关系（图5-6）。

（三）感觉系统

支配人体活动的是人的感觉系统。人通过多种器官的感觉系统接受各种信息后由大脑发出指令，再由神经系统传递到肌肉系统，产生反射式的行为活动。如肌肉受压较长时间后，会通过触觉传递信息作出反射性的行为活动。

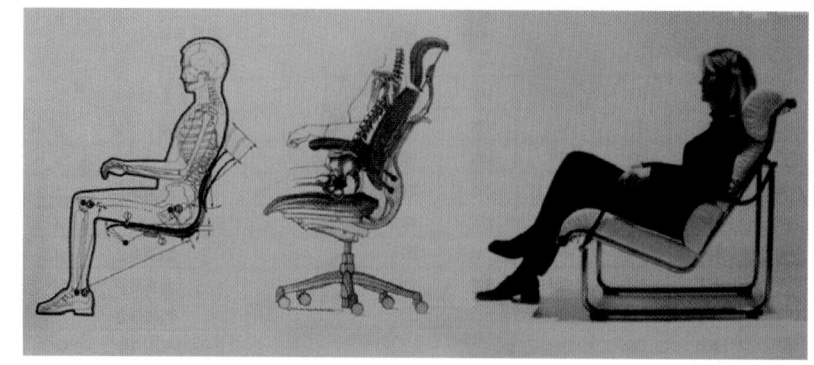

图5-6 人体坐姿时躯干结构与家具形态的关系

三、人体基本动作

人体的动作形态复杂而变化万千，坐、卧、立、蹲等都会显示出不同形态，上述形态和动作均会形成不同的尺度和不同的空间需求。合理地依据人体在一定姿态下的肌肉、骨骼的结构来设计家具，能降低人的体力损耗，减少肌肉的疲劳，从而极大地提高工作效率。因此家具设计中对人体动作的研究非常必要。

（一）站姿

人体的站立是由骨骼和无数关节的支撑来保证的。当人直立进行各种活动时，由于人体的骨骼结构等在运动时处于变换和调节状态中，所以人在站立时姿势能保持较长的时间。反之，如果人体长期处于单一不变的姿势和动作时，他的支撑关节和肌肉就会长时间地处于紧张状态，极易感到疲劳。人体在站立状态下，活动变化最少的属腰椎及其附属肌肉部分，因此人们长久站立时需经常活动腰部和改变站姿。

（二）坐姿

人们在长久行走和站立致使身心疲惫时，自然的反应是坐下来休息以缓解疲劳。在职业群体中有相当大的人群是坐着进行工作的，因此坐的姿势对人影响是持久的，需要更多地研究人们坐着活动时骨骼和肌肉的关系。

人体的躯干结构支撑人的上部身体重量，当人坐下时，由于骨盆与脊椎的变化改变了直立姿态时的腿骨支撑的平衡关系，人体必须依靠坐的平面和靠背倾斜面来得到支撑和保持躯干的平衡，使人体骨骼、肌肉在坐下时能获得合理的松弛状态。各类坐具就是为满足不同坐姿的活动状态而设计的。

（三）卧姿

人的卧姿是人在通常状况下最好的放松休息状态。站立和坐下时，人的骨骼和肌肉总是受到压迫而处于一定的收缩状态。卧的姿态，才能使脊椎骨骼和肌肉得到真正的松弛，从而得到最好的休息（图5-7）。

四、人体尺度

家具的功能设计最主要的依据是人体尺度，如人体站立时的基本

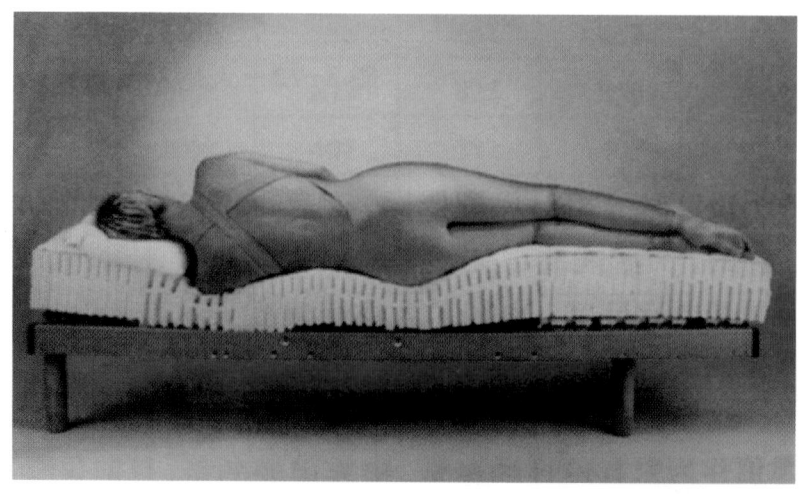

图5-7 考虑人体卧姿支撑点的卧具设计

高度及伸手最大的活动范围，坐姿时的下腿高度、上腿长度及上身的活动范围，睡姿时的人体宽度、长度及翻身的范围等都决定着家具的尺寸。因此，家具设计师首要的工作是要了解人体各部位固有的基本尺度。

我国人口数量有13亿之众，不同年龄和性别的人，其人体尺度不同，且不同地域或不同时代的人，其人体尺度也不同。因此，家具设计中只能采用平均值作为设计时的相对尺度依据，而且不能以此作为绝对的尺度标准。因此，家具设计时要有尺度的概念。尺度一般不是指家具或要素的真实尺寸，而是表达一种关系及其给人的感觉，具有一定的灵活性，应辩证地加以看待和使用。

表5-1是1962年中国建筑科学研究院发表的《人体尺度的研究》中有关我国人体的测量值，可作为家具设计的参考。须注意的是，目前我国的人体平均身高已经增加了20～30mm，应用时需作调整。

表5-1 我国不同地区人体各部位平均尺寸 （单位：mm）

编号	部位	较高人体地区（如冀、鲁、辽）		中等人体地区（如长江三角洲）		较低人体地区（如四川）	
		男	女	男	女	男	女
A	人体高度	1690	1580	1670	1560	1630	1530
B	肩宽度	420	387	415	397	414	386
C	肩峰对头顶高度	293	285	291	282	285	269
D	正立时眼的高度	1573	1474	1547	1143	1512	1420
E	正坐时眼的高度	1203	1140	1181	1110	1144	1078
F	胸廓前后径	200	200	201	203	205	220
G	上臂长度	308	291	310	293	307	289
H	前臂长度	238	220	238	220	245	220
I	手长度	196	184	192	178	190	178
J	肩峰高度	1397	1295	1379	1278	1345	1261
K	1/2（上肢展开全长）	867	795	843	787	848	791
L	上身高度	600	561	586	546	565	524
M	臀部宽度	307	307	309	319	311	320
N	肚脐宽度	992	948	983	925	980	920
O	指尖至地面高度	633	612	616	590	606	575
P	上腿长度	415	395	409	379	403	378
Q	下腿长度	397	373	392	369	391	365
R	脚高度	68	63	68	67	67	65
S	坐高	893	846	877	825	850	793
T	腓骨头的高度	414	390	407	382	402	382
U	大腿水平长度	450	435	445	425	443	422
V	肘下尺度	243	240	239	230	220	216

五、人体生理机能和形态下的家具尺寸

对人体生理机能和形态的研究可使家具设计更具科学性。目前人们所使用的家具都是依据人体活动及相关的姿态而相应设计生产的。根据人的形态对家具类型进行划分，我们将其分为坐卧性家具、凭倚性家具及储藏类家具。

（一）坐卧性家具

人们日常生活的行为及人体动作姿态可以归纳为从立姿到卧姿的不同态势，其中坐与卧是人们日常生活中最常见的姿态，如工作、学习、用餐、休息等都是在坐卧状态下进行的，所以坐卧性家具与人体生理机能的关系最为紧密。

坐卧性家具的基本功能是满足人们坐得舒服、睡得安宁和减少疲劳、提高工作效率的需求，其中，最关键的是减少疲劳。在家具设计中要达到减少疲劳的目的，就需要通过对人体的尺度、骨骼和肌肉的关系进行深入地研究，使得设计的家具在支承人体动作时，将人体的疲劳度降到最低状态。

导致人们形成疲劳的原因很复杂，其主要原因是肌肉和韧带的收缩运动。因此在设计坐卧性家具时，必须考虑人体生理特点，使骨骼、肌肉结构保持合理状态，血液循环与神经组织不过分受压，尽量设法减少和消除产生疲劳的各种条件（图5-8）。

1. 坐具的基本尺度与要求

（1）坐高。坐高即坐面高度，是指坐面最高点与地面的垂直距离。坐具的坐高影响坐姿的舒适度。坐高不合理会导致不正确的坐姿，并且坐的时间稍久，就会使人体腰部产生疲劳感。通过测试，科学家发现，在没有靠背、坐高为400mm时，人体腰椎的活动度最高，即疲劳感最强。其他坐高的坐具，可使人体腰椎的活动度下降，舒适度增大。所以，人们书写时较喜欢坐高矮适中的坐具，道理就在于此（图5-9）。

坐高的设计与人体在坐面上的体压分布有关。座椅面是承受臀部和大腿的主要承受面，通过测试，坐面过高，两足不能落地，使大腿前半部近膝窝处软组织受压，久坐时，血液循环不畅，肌腱就会发胀而麻木；如果椅坐面过低，则大腿碰不到椅面，体压过于集中在坐骨点上，时间久了会产生疼痛感。另外，坐面过低，人体形成前屈姿态，从而增大了背部肌肉的活动强度，而且重心过低，使人起立时感到困难。从理论上讲，椅坐高应略小于坐者小腿脚窝到地面的垂直距离，即坐高等于或小于下腿长度，此时小腿轻微受压，小腿有一定的活动余地。但面对人数众多的消费者，设计师只能选取平均适中的数据确定合适的坐高。

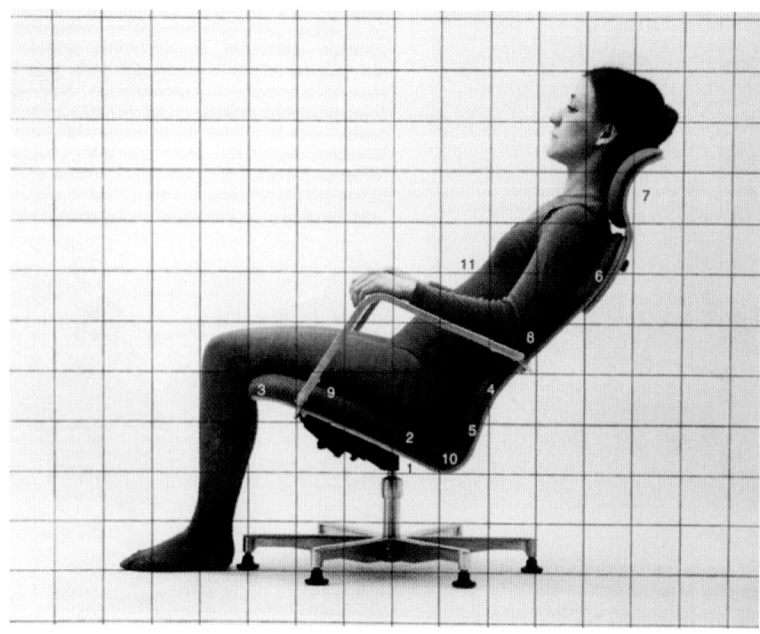
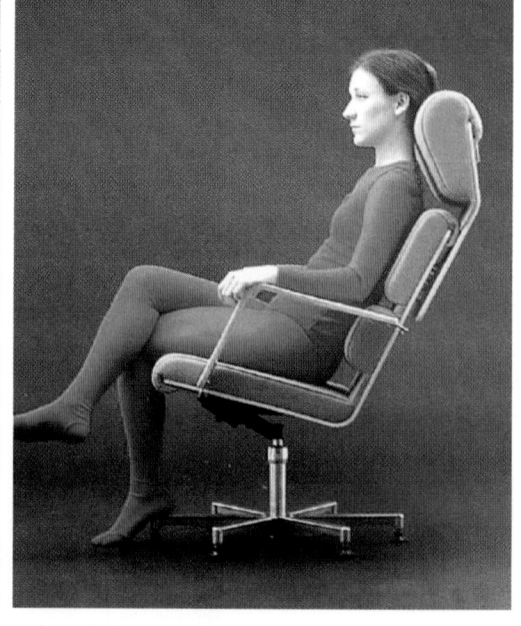

图5-8 办公座椅设计中对人体骨骼承受力及肌肉疲劳点位的研究

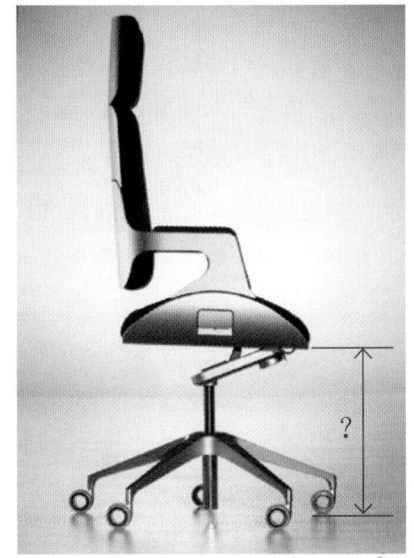

图5-9 坐具的坐高影响人坐姿的舒适度

（2）坐深。主要是指坐面的前沿至后沿的距离。坐面的深度对人体坐姿的舒适度影响也很大。如坐面过深，超过大腿水平长度，人体挨上靠背将有很大的倾斜度，腰部因缺乏支撑点而悬空，加剧了腰部肌肉的活动强度而致使疲劳产生。同时，坐面过深，还会使膝窝处产生麻木的反应，并且也难以起立（图5-10、图5-11）。

通常坐深应小于人坐姿时大腿的水平长度，保证小腿有一定的活动自由。根据人体尺度，我国成年人坐姿的大腿水平长度平均值，男性为445mm，女性为425mm。为保证坐面前沿离膝窝有约60mm的距离，对办公工作椅坐深而言，由于坐时腰椎与骨盆间为垂直状，所以其坐深可浅一些，其坐深尺寸以男性为385mm、女性365mm为宜；对休息靠椅及沙发等而言，因其腰椎与骨盆的状态呈倾斜钝角状，其坐深可以设计得深一些。

（3）坐宽。坐宽即椅子坐面的宽度。根据人的坐姿及动作，坐面往往呈前宽后窄的形状。座椅的宽度

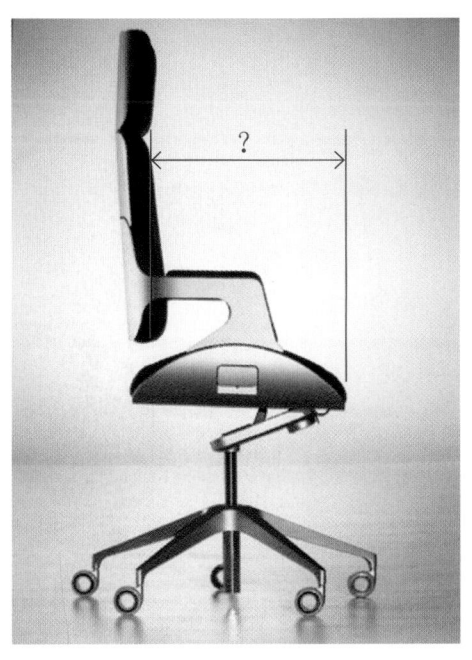

图5-10 坐具的坐深影响人坐姿的舒适度

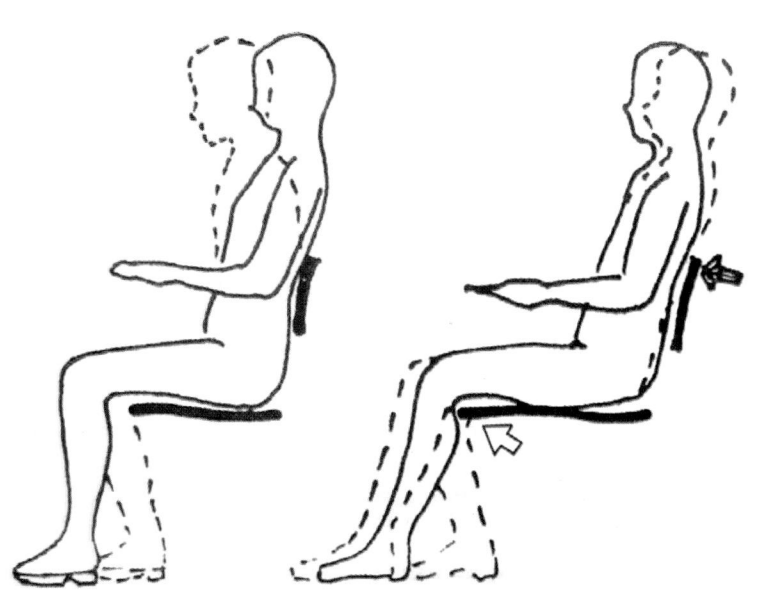

图5-11 正确坐面深度（左）与坐面过深（右）

应使臀部得到全部支承并有适当的活动余地，便于人体坐姿的变换，一般坐宽不小于380mm。对于有扶手的靠椅来说，要考虑人体手臂的扶靠，以扶手的内宽来作为坐宽的尺寸，设计时按人体平均肩宽尺寸加适当的余量，一般不小于460mm，但也不宜过宽，以自然垂臂的舒适姿态肩宽为准（图5-12）。

（4）坐面倾斜度。人在休息时，人的坐姿是向后倾靠的，使腰椎有所承托。因此一般的坐面都设计成向后倾斜，其倾斜角度为3°～5°。从人的坐姿习惯动作分析，椅背也相应地应向后倾斜，以消除疲劳。但一般的工作椅由于人体工作时其腰椎及骨盆处于垂直状态，因而不宜使用有大角度向后倾斜的坐面。因此，一般的工作椅的坐面以水平为好（图5-13）。如

挪威设计师根据人体平衡原理设计的工作"平衡"椅，坐面作小角度的前倾，并在膝前设置膝靠垫，使工作时的人体自然向前倾斜，将重量分布于骨支撑点和膝支撑点上，使背部、腹部、臀部的肌肉全部放松，便于集中精力，提高工作效率。

（5）座椅靠背。椅靠背的作用是使躯干得到充分的支承，获得舒适的支承面。在坐具高度测试中，人坐于400～450mm高度的凳上，腰部肌肉的活动强度最大，最易疲劳。要改变腰部疲劳的状况，就必须设置坐具靠背这一附加配套的设计来弥补坐高的不足（图5-14）。

椅靠背形状的设计应与人体坐姿时的脊椎形状相吻合，靠背的高度一般上沿不宜高于肩胛骨。对于工作用椅，则椅靠背要低，一般支持位置在上腰凹部第二腰椎处。这样工作时人体上肢前后左右可以较自由地活动，同时又便于腰关节的自由转动（图5-15）。

表5-2是日本家具设计研究的成果：靠背最佳支承条件（靠背倾角在90°～120°范围内变动时，腰椎的最佳支承位置）。

图5-12 坐具的坐宽应有适度的活动余量

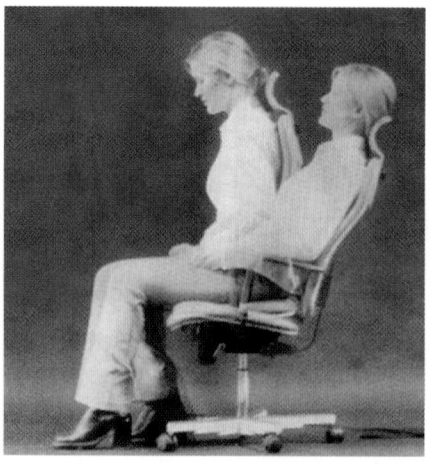

图5-13 坐面倾斜度应使重量分布于骨支撑点和膝支撑点上，使背部、腹部、臀部的肌肉得以放松

图5-14 工作中人体腰椎与椅靠背倾斜角度

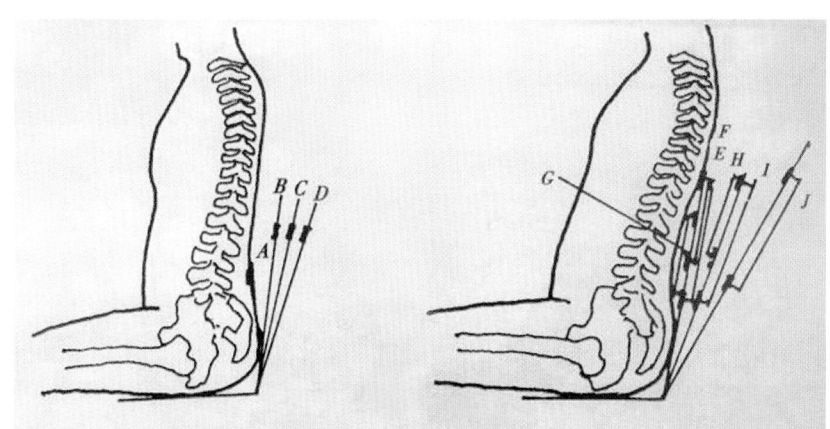
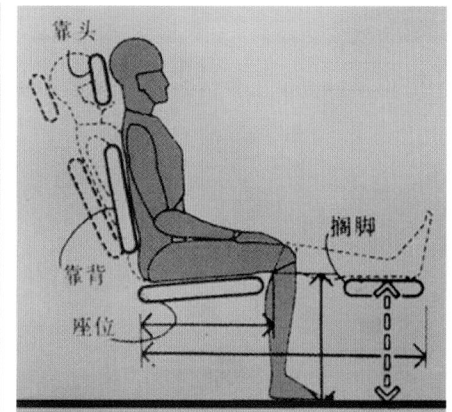

图5-15 椅靠背与人体腰椎图

表5-2 靠背最佳支承条件

条件		上半身角度（°）	上半身	
			支承面高度（mm）	支承点角度（°）
单支承点	A	90	250	90
	B	100	310	98
	C	105	310	104
	D	110	310	105

（6）扶手高度。休息椅和部分工作椅需要设有扶手，其作用是减轻两臂的疲劳。扶手的高度应与人体坐骨结节点到上臂自然下垂时肘下端的垂直距离相近。扶手过高时两臂不能自然下垂，过低则两肘不能自然落靠，此两种情况都易引起上臂疲劳。根据人体尺度，扶手上层表面至坐面的垂直距离为200～250mm，同时扶手前端略为升高，随着坐面倾角与基本靠背斜度的变化，扶手倾斜度一般为±10°～20°，而扶

手在水平方向的左右偏角为±10°，一般与坐面的形状吻合（图5-16）。

（7）坐面形状及承托。比较理想的坐面形状应是人坐姿时大腿及臀部与坐面承压时形成的状态吻合。坐面形状影响到坐姿时的体压分布。好的坐面形状和正确的坐姿使得体压分布较为均匀合理，承托功效良好，使压力集中于坐骨支承点部分，大腿只受到轻微的压力（图5-17、图5-18）。

2．卧具的基本尺度与要求

床是供人睡眠休息的主要卧具，床与人体亲密接触的时间最长。床的睡眠功能是使人能舒适、尽快地入睡，以达到消除疲劳和恢复体力的目的。因此，床与人体生理机能关系的处理直接关系到睡眠质量的好坏。

（1）人体卧姿的结构。人在仰卧时，腰椎接近于伸直状态。当人躺下时，人体各部分重量同时垂直向下，并且由于各体块的重量不同，其各部位的下沉量也不同，因此床的设计的优劣，关键在于能否消除人的疲

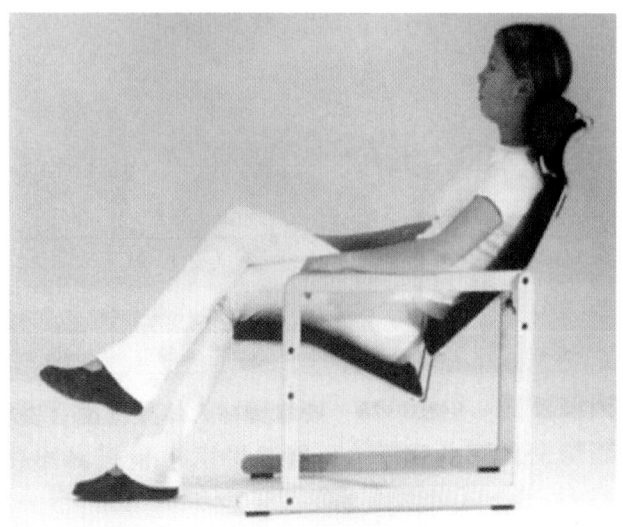 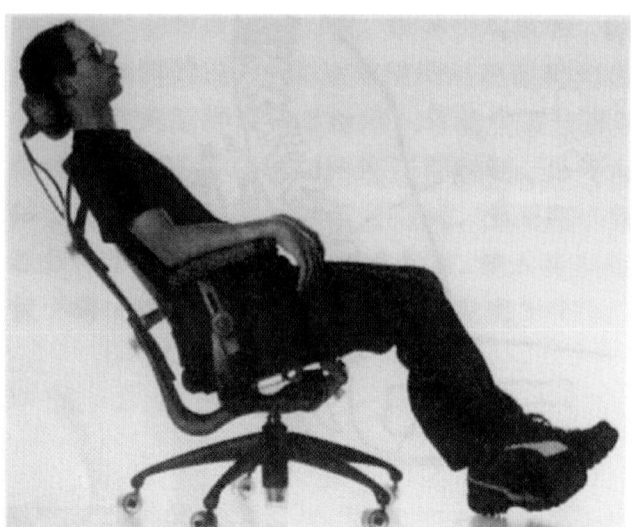

图5-16 座椅扶手功能及高度设计

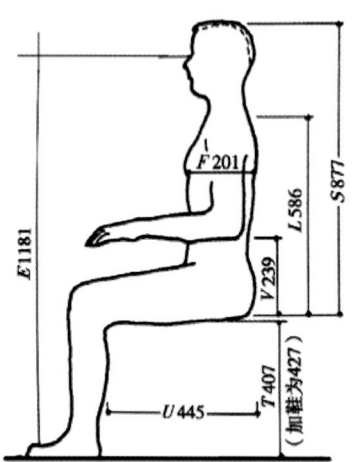 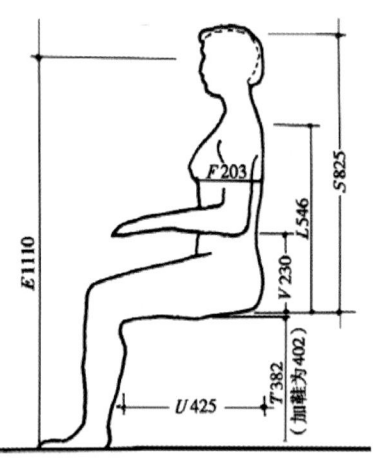 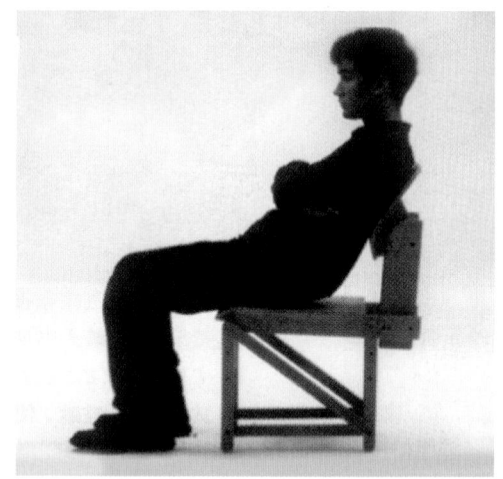

图5-17 坐面形状与坐姿设计（单位：mm）

图5-18 经科学测试设计生产的曲线形座椅

劳，即床的尺度及床的软硬度能否适应支承人体卧姿，使人体处于最佳的休息状态。

人体在卧姿时的体压情况是决定体感舒适度的主要因素之一。图 5-19 是人体在两种柔软程度不同的床上的体压分布情况。图 5-20 为人体睡在弹性较硬的床面上所形成的体压分布，人体感觉迟钝的部分承受压力较大，而在人体感觉敏锐处承受的压力较小，这种体压分布是比较合理的。

图 5-21 是人体睡在过于柔软的床面上所形成的体压分布图。由于床垫过软，使背部和臀部下沉，腰部突起，身体呈 W 型，形成骨骼结构的不自然状态，肌肉和韧带处于紧张的收缩状态，人体感觉敏感的与不敏感的部位均受到同样的压力，时间稍长就会产生

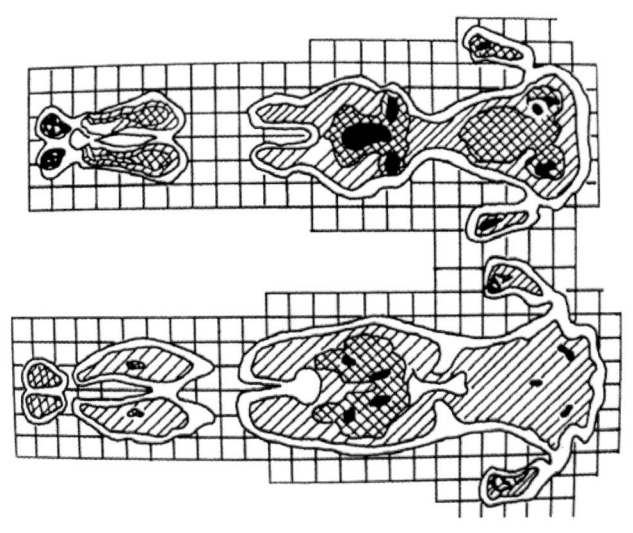

图5-19 人体卧姿的体压分布情况图

不舒适感，需要通过不断的翻身来调整人体敏感部位的受压感，使人不能熟睡，影响了人的正常休息。经过多年的人体工程学研究测试，现代卧具及床垫设计软硬度适中，可使体压得到合理的分布，是睡眠中消除疲劳的较理想的用具。

（2）人体卧姿的尺度。人在睡眠时并不是处于静止的状态，而是经常辗转反侧。人的睡眠质量除了与床垫的软硬有关外，还与床的大小尺寸有关。

①床长。为能适应大部分人的身长需要，床的长度应以较高的人体作为标准进行设计。成人用床床面净长以现有的床垫尺寸为参照，一般为1920mm或2000mm。对于宾馆等的商业用床，一般床铺脚部不设竖架，便于特高人体的客人加接脚凳使用。

②床宽。床的宽窄直接影响人睡眠时的翻身活动。一般人们在仰卧姿势时床宽以1000mm较适宜。但试验表明，床宽自700mm至1300mm变化时，作为单人床使用，睡眠情况都很好。因此我们可以根据居室的实际情况，单人床的最小宽度为700mm，双人床宽度一般为1500mm或1800mm。

③床高。床的高度一般与座椅坐面的高度取得一致，使床同时具有坐卧功能。另外还要考虑到人的穿衣、穿鞋等动作。一般床高在400～500mm之间。双层床的层间净高必须保证下铺使用者在就寝和起床时有足够的动作空间。双层床的底床铺面离地面高度一般不大于420mm，层间净高不小于950mm（图5-22、图5-23）。

图5-20 人体睡在较硬床面上的体压分布情况

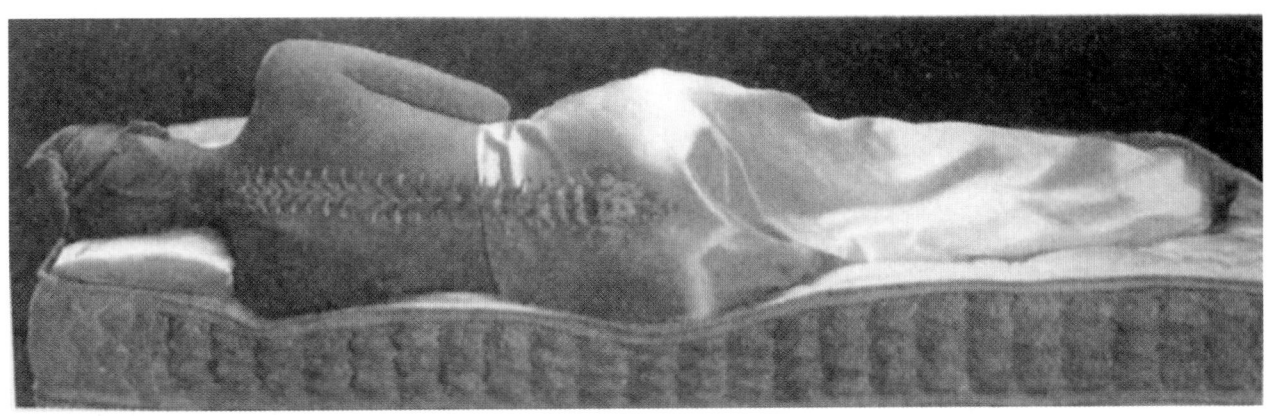

图5-21 人体睡在软床上的体压分布

图5-22 常用双人床的宽、高尺寸（单位：mm）

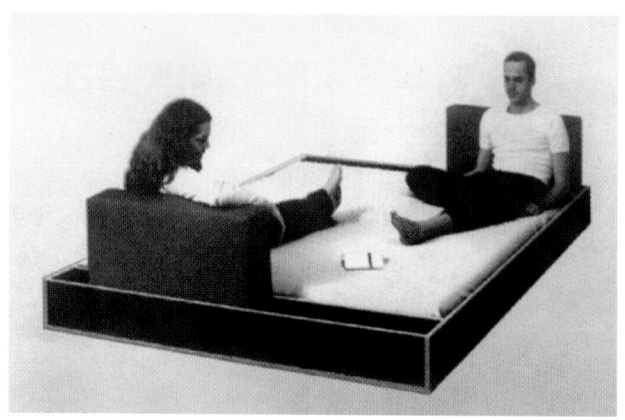

图5-23 人的卧姿要求卧具尺寸能适应静态睡眠与辗转等动态姿势

（二）凭倚性家具

凭倚性家具是人们工作和生活所必需的辅助性家具，如就餐用的餐桌，看书写字用的写字桌，学生上课用的课桌、制图桌等。另外还有为站立活动而设置的如售货柜台、账台、讲台和各种操作台等。这类家具的基本功能是为人们在坐、立状态下进行各种活动时提供辅助条件，并兼有放置或储藏物品的功能，因此这类家具与人体的动作发生直接的尺度关系。

1. 坐式用桌的基本要求与尺度

（1）桌的高度。经测试表明，过高的桌子容易造成脊柱的侧弯，引起耸肩和眼睛的近视，从而降低工作效率。工作中肘低于桌面等不正确姿势还会引起肌肉紧张，产生疲劳。但桌子过低也会使人体脊椎弯曲加大，造成驼背、腹部受压、妨碍呼吸运动和血液循环等，背肌的紧张收缩，也易引起疲劳。因此正确的桌高应该与椅坐高保持一定的尺度配合关系。设计桌高的合理方法是应先有椅坐高，然后再加按人体坐高比例尺寸确定的桌面与椅面的高度差，即桌高＝坐高＋桌椅高差（坐姿时上身高的1/3）（图5-24、图5-25）。

根据人体不同使用情况，椅坐面与桌面的高差值可有适当的变化。如在桌面上书写时，高差等于1/3坐姿上身高减20～30mm，学校里的课桌与椅面的高差等于1/3坐姿上身高减10mm。

桌椅面的高差是根据人体测量而确定的。由于人种高度的不同，该值也不同，因此欧美等国的标准与我国的标准不同。1979年国际标准（ISO）规定桌椅

图5-24 桌子过低会使人体脊椎弯曲加大，腹部受压妨碍呼吸和血液循环

图5-25 中国国家标准规定桌面高度为700～760mm，级差为20mm

面的高差值为 300mm，而我国确定值为 292mm（按我国男子平均身高计算）。男性和女性使用桌子的高度不同，可用升降椅面高度来调整。我国国家标准规定桌面高度为 700 ~ 760mm，级差为 20mm，即桌面高可分别为 700mm、720mm、740mm、760mm，在实际应用时可根据不同的特点酌情增减。如设计中餐用桌时，根据用餐特点和习惯，餐桌可略高一点；若设计使用刀叉用餐的西餐用桌时，餐桌的桌面高度可略低一点。

（2）桌面尺寸。桌面的宽度和深度应以人坐姿时手可达的范围以及桌面可能置放物品的特性为依据。如果是多功能的桌子或工作时需配备其他物品、书籍时，还要在桌面上增添附加装置。对于阅览桌、课桌类的桌面，最好有约 15° 的倾斜，能使人获得舒适的视域和保持人体正确的姿势，但倾斜的桌面上不宜陈放其他物品（图 5-26）。

目前常用的制式桌面通用标准尺寸如下：

双柜写字台：宽为 1200 ~ 1400mm，深为 600 ~ 750mm。

单柜写字台：宽为 900 ~ 1200mm，深为 510 ~ 600mm。

宽度级差为 100mm，深度级差为 50mm。

一般批量生产的单件产品均按标准选定尺寸，但与组合柜配套一体的写字台面和对于尺寸要求特殊的专业工作室、画室等的写字台台面尺寸，不在上述制式桌面尺寸之列。

餐桌与会议桌的桌面尺寸以人均占桌周边长为准进行设计。一般人均占桌周边长为 550 ~ 580mm，较舒适的长度为 600 ~ 750mm（图 5-27）。

（3）桌面下的净空尺寸。为保证坐姿时下肢能在桌下放置与活动，桌面下的净空高度应高于双腿交叉叠起时的膝高，并使膝上部留有一定的活动余地。如有抽屉的桌子，抽屉不能做得太厚，桌面至抽屉底的距离不应超过桌椅高差的 1/2，即 120 ~ 150mm，也就是说桌子抽屉下沿距椅坐面至少应有 150 ~ 172mm 的净空，通用标准为桌下空间净高大于 580mm，净宽大于 520mm。但作特殊工作室等用途的桌下净空尺寸不在制式尺寸之列。目前，办公桌面下的净空尽可能高，留足便于双腿活动的空间

是设计的趋势。

2. 立式用桌（台）的基本要求与尺度

立式用桌主要指售货柜台、营业柜台、讲台、

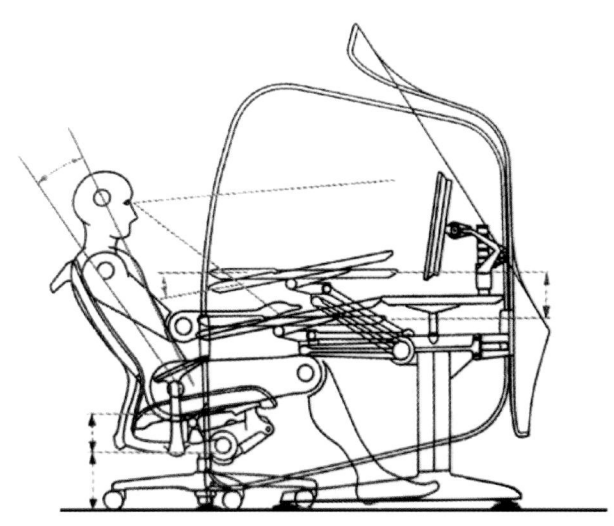

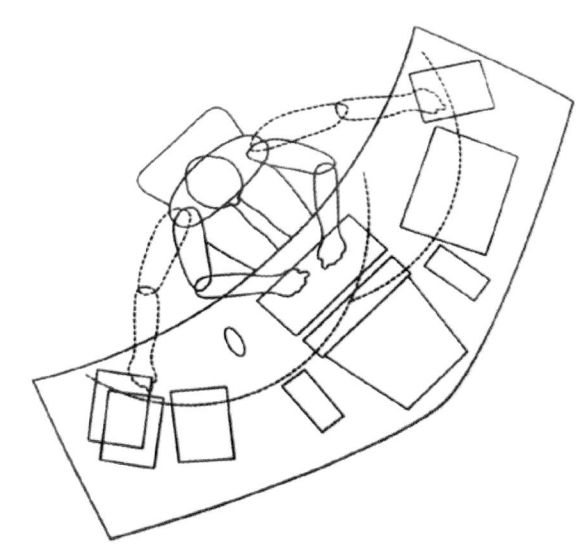

图5-26 办公家具须依办公动作特点及人体工程学方法测取设计数据

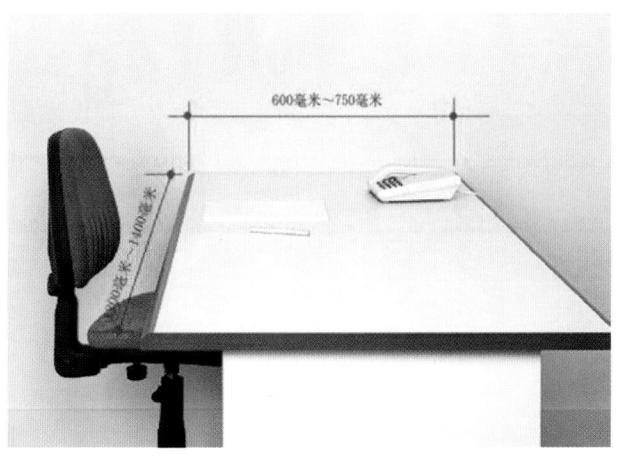

图5-27 常用双柜写字台面尺寸

服务台及各种工作台等。站立时使用的台桌高度是根据人体站立姿势的屈臂自然垂下的肘高来确定的。按我国人体的平均身高，站立用台桌高度以910 ~ 965mm为宜。若是需用气力工作的操作台，其桌面可以降低200 ~ 400mm，甚至更低一些（图5-28至图5-30）。

立式用桌的桌面尺寸主要由所需的桌面放置物品状况及室内空间布局形式而定，没有统一的规定，视不同的使用功能作专门设计。

立式用桌的桌台下部不需留出容膝空间，因此桌台的下部通常可作储藏柜用，但立式桌台的底部需要设置容足空间，以利于人体靠紧桌台的动作之需。这个容足空间是内凹的，高度为80 ~ 120mm，深度在100 ~ 150mm。

（三）储藏类家具

储藏类家具是存放日常生活中的衣物、消费品、书籍等器物的家具。根据存放形式的不同，可分为柜类和架类两种不同储藏方式的家具。柜类家具主要有

衣柜、壁柜、杂物柜、被褥柜、书柜、酒柜陈列柜、床头柜等；而架类家具主要有书架、博古架、陈列架、衣帽架等。储藏类家具的功能设计必须考虑人与物两方面的关系：一方面要求储藏空间划分合理，方便人们存取，节省体力；另一方面又要求家具储藏方式合理，储藏数量充分，满足存放条件（图5-31）。

1. 储藏类家具与人体尺度的关系

为了合理地确定柜、架、搁板的高度及分配空间，

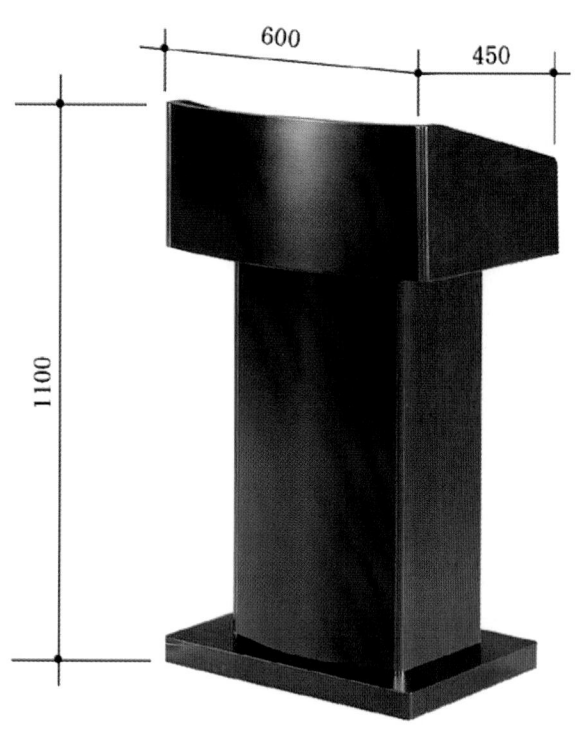

图5-30 一般演讲台的尺寸（单位：mm）

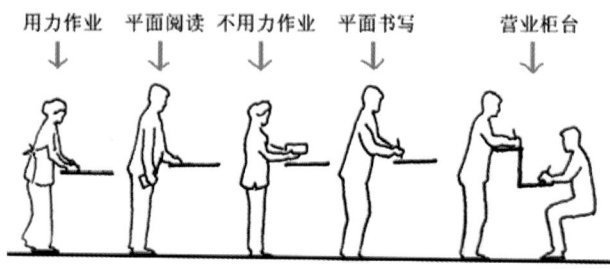

图5-28 作业操作平台、平面阅读及书写台、营业柜台的高度

图5-29 组合式电化教学讲台

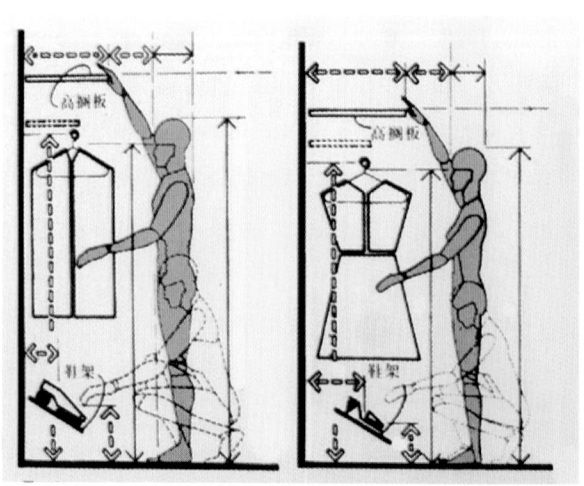

图5-31 男女储衣柜家具功能空间尺度设定

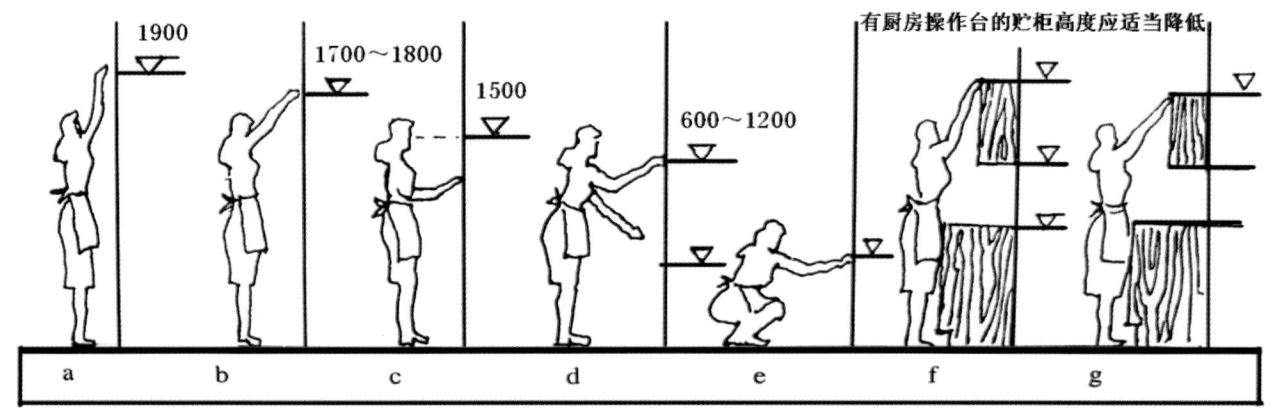

图5-32 储藏类家具与人体尺度

首先必须了解人体所能及的动作范围。以我国成年妇女为例，其动作活动范围如图 5-32 所示。

图 5-32 中，a 是站立时上臂伸出的取物高度，以 1900mm 为界线，再高就要站在凳子上存取物品，因此这是经常存取和偶然存取的分界线。b 是站立时伸臂存取物品较舒适的高度，1700 ~ 1800mm 可以作为经常伸臂使用的挂棒或搁板的高度。c 是视平线高度，1500mm 是存取物品最舒适的区域。d 是站立取物比较舒适的范围，600 ~ 1200mm 的高度，但视线已受影响，须局部弯腰存取物品。e 是下蹲伸手存取物品的高度，650mm 可作经常存取物品的下限高度。f、g 是在有厨房组合柜及操作台案的环境中存取物品的使用尺度，存储柜高度要适当降低 200mm 左右。

家庭橱柜应适应女性使用要求。通用标准柜高限度在 1870mm。在这以下可再划分为两个区域：第

一区域为以人肩为轴，上肢半径活动的范围，高度定在 603 ~ 1870mm，是存取物品最方便、使用频率最多的区域，也是人的视线最易看到的视域；第二区域为从地面至人站立时手臂下垂指尖的垂直距离，即 603mm 以下的区域，该区域存储不便，人必须蹲下操作，一般存放较重而不常用的物品。若需扩大储藏空间，节约占地面积，则可设置第三区域，即橱柜的上空 1870mm 以上的区域，一般可叠放柜架，存放如棉衣等较轻的过季性物品（图 5-33）。在上述储藏区域内，根据储藏物品的种类，可以设置搁板、抽屉、挂衣棍等（图 5-34、图 5-35）。

2. 陈设、储藏类家具与物品的关系

家庭中的生活用品丰富而庞杂，电视机、电脑、音响设备等家用电器也已成为家庭必备的设备，它们的陈放与储藏类家具有密切的关系。各类物品和器皿

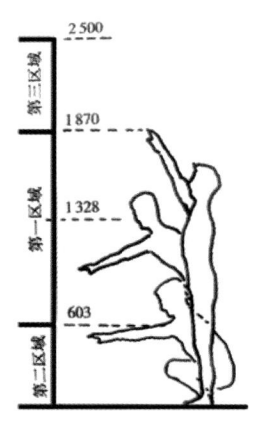

图5-33 可叠放衣物带柜架
搁板的储物柜尺寸
（单位：mm）

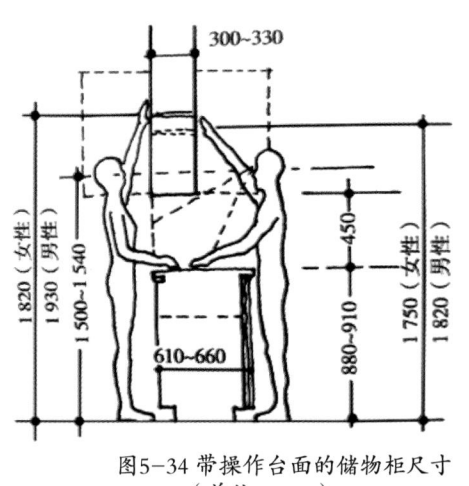

图5-34 带操作台面的储物柜尺寸
（单位：mm）

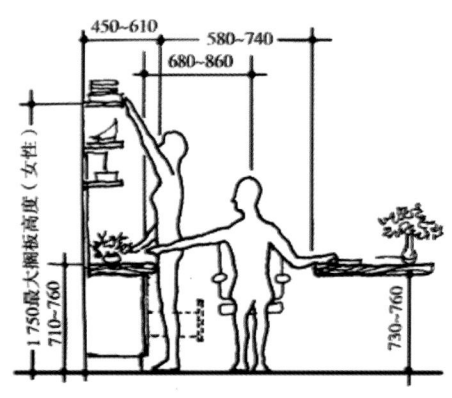

图5-35 储藏区域内可以设置搁板、抽屉等
（单位：mm）

的种类、形体各异，尺寸不一，要做到分门别类条理化地存放，这就要求储藏类家具除考虑人的因素外，还必须在设计中研究家具与陈放物品、陈放方式和空间尺度的关系，这对陈设与储藏类家具的形式及尺寸设计有着关联性的作用（图5-36、图5-37）。

图5-36 陈设家具主要用以展示、陈列艺术品、工艺品等

图5-37 储藏类家具功能以储存衣服和物品为主

表5-3 柜类尺寸限定表 （单位：mm）

类别	限定内容	尺寸范围	级差
衣柜	宽	>500	50
	挂衣棒下沿至底板	>850	
	表面的距离	>1350	
		>450	
	顶层抽屉上沿离地面	>1250	
	底层抽屉下沿离地面	>60	
	抽屉深	400～500	
书柜	宽	150～900	50
	深	300～400	10
	高	1200	50
	层高	1800	
		>220	
文件柜	宽	900～1050	50
	深	400～450	10
	高	1800	

课程设计

此部分课程学习的目的，是使学生在家具设计中掌握人机关系的系统科学知识，了解其合理性，使学生了解人、机、环境关系和寻找最佳的人机协调关系，基本掌握人与物的尺度关系及日常人体行为表现和规律，把握以人为中心的设计思想，将人体的信息和数据与家具的艺术设计很好地结合起来，为设计有利于人的生理、心理健康的家具产品提供技术支持和可靠的依据。

课程建议

依据所学的人机工程学内容，考虑使用者和家具及环境之间的关系，根据家具设计中人体尺寸的数据，设计一套符合家具设计专业学习的课堂桌椅，以检验学习的效果。

第六部分

家具造型设计基础

JIAJU ZAOXING SHEJI JICHU

一、家具造型及分类概述

现代家具设计是随时代进步和科技发展而变化的，当今的家具设计早已超越单纯的实用价值诉求而兼备多样的精神层次需求，其造型设计也注入了更多的科技含量和人性关怀，造型创新设计更具前卫性和时代感。在设计语言上，更多呈现造型丰富的构成元素及新的结构形式，色彩设计既体现和谐也讲求个性。材料的应用及组合更科学合理，因而家具的造型更具现代感和时尚性。

家具发展到今天，过去很多流行的家具造型和风格已找不到踪影，当今家具新设计风格的形成及流行速度越来越快，从设计开发到投产再到市场销售，其周期可能只有一年甚至几个月的时间，因此，家具造型设计更多地呈现出人文内涵信息融入的趋向，更加注重家具形态的情感表达和象征意义。家具设计也将向着高科技与高情感、民族性与国际化、理性与感性等各因素相互融合的方向发展。家具造型没有固定的模式，家具风格的演变与时代生活的发展是并行不悖的。现代家具造型与现代生活的快节奏合拍，以简练

的抽象造型为主流。为便于学习与归纳家具造型设计，根据设计美学原理及传统家具风格，我们将家具造型分为理性抽象形式造型、感性有机形式造型、传统古典风格造型三种类型。

（一）理性抽象形式造型

理性抽象的表现形式是从包豪斯时代后开始流行的设计风格，理性抽象形式造型是以现代美学结合纯粹抽象几何图形为主的家具造型构成手法。理性抽象形式的造型具有简洁的风格、洗练的手法、严谨的逻辑关系和秩序比例，呈现了简约的美感。在结构上则呈现数理的模块组合。理性抽象形式造型是现代家具造型的主流，体现了时代的特点。它的造型特性有利于工业化标准的批量生产，在造型感观上具有视觉冲击力和较强的现代感（图6-1）。

（二）感性有机形式造型

感性有机形式造型与大自然的生物性有着密不可

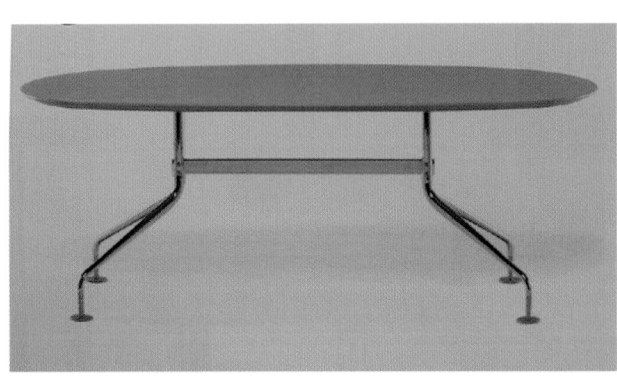

图6-1 抽象形态的家具在感观及造型上具有较强的理性和现代感

分的关联，它是以具有优美曲线的生物形态为依据，采用自由而富于感性意念的形态为家具造型趋向。创意构思是从优美的生物形态风格汲取灵感，结合壳体等结构，并使用塑料、橡胶、热压胶板等新兴制造材料来实现的。感性有机造型涵盖领域非常广泛，它突破了几何直线或曲线组成的形体范围，将具象手法作为造型的媒介，运用现代造型制造技术和铸造工艺，在符合功能的前提下灵活地应用于现代家具造型中，使产品具有生动的趣味（图6-2、图6-3）。最早的具有有机家具造型感的设计是20世纪40年代美国建筑与家具大师沙里宁和伊姆斯创作的作品。

（三）传统古典风格造型

古典的家具之所以有精美的造型，是因为作为使用者的皇宫贵族阶层和作为开发生产的设计者千百年来对家具反复不断地创新、改良，它们经过时光的洗礼和实践的千锤百炼，最后在某一个款式基调上定格下来，形成千古不变的经典之作。

中外历代传统家具的造型和风格是各国家具设计师的宝贵财富。从研究和借鉴历代古典家具中可清晰地了解家具造型发展演变的脉络，并可从中得到启迪，从而为今天的设计所用，为创新找到依据。核心的问题是应在学习传统家具的过程中注入现代生活的内涵，全面地汲取古今中外优秀家具的精神养分。例如，我们对待中国古典家具的态度应是提炼其中的特色风格元素及设计理念，为创造具有中国风尚的现代家具服务（图6-4、图6-5）。

二、家具造型的基本要素

家具是具有精神审美功能的实用产品，家具的外观造

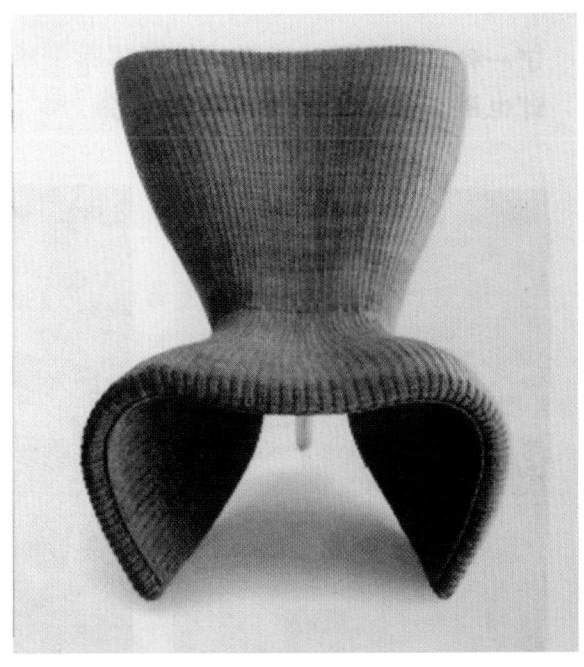

图6-2 马克·纽森从女性匀称且富于曲线美的形体汲取灵感设计的座椅

图6-3 线条柔美的皮质办公扶手椅设计

图6-4 中国古典家具有其独特的设计理念和元素

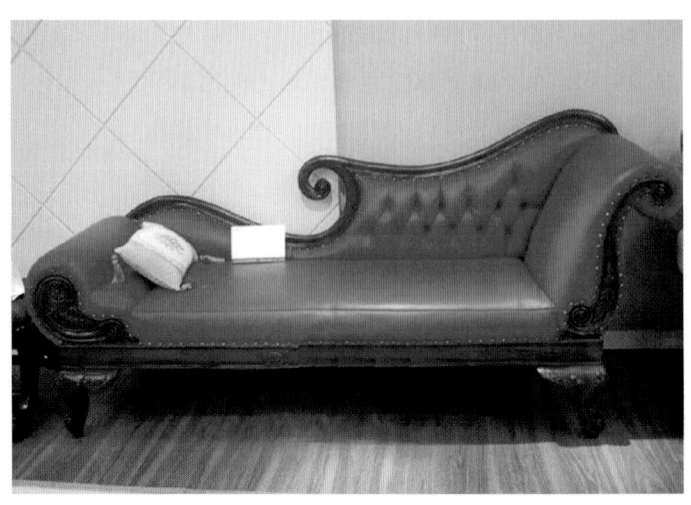

图6-5 运用欧洲古典家具造型改良的躺椅设计

型可直接影响到人们的购买决定。它能直观地传递设计美感的信息，通过视、触、嗅等感官要素，激发人们的愉悦情感，满足人们舒适享受的心理预期，从而心生购买欲望。设计师欲设计出受欢迎且附加值高的家具产品，其造型设计是实现这一目标的重要手段。从北欧与意大利家具风靡全球的成功经验来看，正是领先的科技和优质的设计，成功地创建了品牌并开辟出市场。我们可从设计强国的成功经验中领悟出设计的战略性意义和造型设计的重要性。

造型设计在市场中已成为家具的特殊识别符号和卖点。欲设计出有个性的家具造型形象，必须将功能、材料、结构进行完美的要素整合。这就要求家具设计师要有专业的知识素养，掌握造型的要素和构成方法，

如点、线、面、体和色彩、材质、肌理、装饰元素等，并按照一定的美学形式法则构建家具的造型。

除了宇宙天空、山河大地、花草树木等神奇亲切的自然景观外，在我们的身边还有人造的物象形态，如建筑和家具。我们时刻都在体验和感知由人类"设计"制造出的物质世界，同样功能的家具在不同的环境背景中又为何有不同的造型形态？为何欧洲的巴洛克、洛可可家具与中国的明式家具有着截然不同的造型？这源于家具造型设计的"形"与"态"。家具造型设计可分为概念形态和现实形态。概念的形态包括纯粹形态的抽象形态。现实的形态包括自然形态的自由有机形态、人工形态的几何形态（图6-6至图6-8）。

概念形态是家具设计师进行设计思维和图形设计

图6-6 三角形家具及可变幻组合的几何形态家具

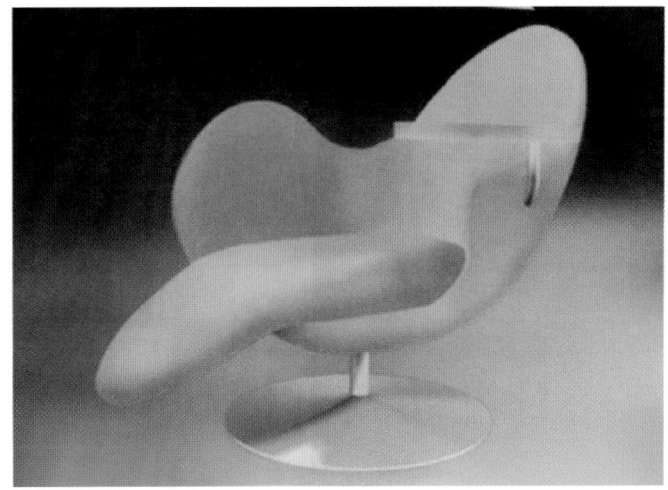

图6-7 仿自然物象有感性联想的家具造型

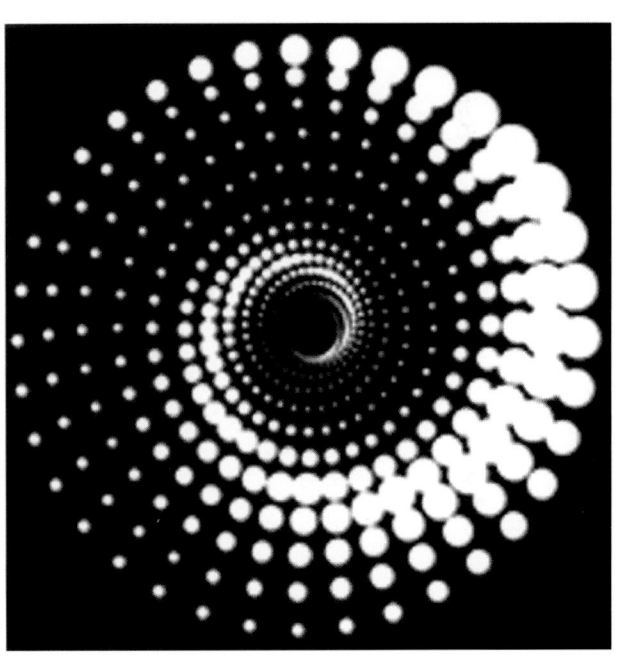

图6-8 主观概念的抽象绘画形式　　　　图6-9 点是最基本的单位元素，线、面等形式要素均由点衍
　　　　　　　　　　　　　　　　　　　生扩展而成

的基本语言，概念形态的构成以点、线、面、体作为基本形式。

　　家具设计的造型训练要从基本的形式出发，了解形态设计的基本方法和规律，以此来塑造多变的形态。家具的形态设计是基于基本的形式要素，以多元的视点进行多重塑造的过程。概念形态是基本的构成元素，所以我们对概念形态的基本要素进行研究，并在家具造型设计中加以充分运用，这是现代设计的有效方法。下面就概念形态的点、线、面、体四个基本要素，结合家具造型加以阐述。

（一）点

　　点是形态构成中最基本的构成单位。在几何学里，点是理性概念形态，它无固定的大小和方向，是静态的（图6-9、图6-10）。但在家具造型设计中，点则是具体的，它有大小、方向甚至有体积、色彩、肌理、质感等，可在装饰上产生亮点、焦点、中心的视觉效果。在家具与建筑、室内的整体环境中，就整体而言，相对显著的比较小的形体都可称之为点，如沙发的包扣和家具把手即成为其中的一个装饰点。

　　关于点的基本构成，在艺术设计专业基础课中都

115

图6-10 家具设计中的圆点运用

图6-11 家具的圆把手及圆形镂空等均形成了点的形象

已经学习和基本掌握，这里只着重对家具造型中点的应用加以说明。在家具造型中，点的应用非常广泛，点不仅存在于功能和结构之中，也是装饰构成的内容。如柜门及抽屉上的拉手、门把手，软体家具上的包扣与泡钉，家具的五金装配件，相对于整体家具而言，它们都以点的特征呈现，是家具造型设计中常用的功能性附件。在家具造型设计中，借助点的各种特征加以运用，能取得很好的效果（图6-11）。

（二）线

在几何学的定义里，线是由点的定向延续运动产生的，是点移动的轨迹。线条的运用在造型设计中起着基本的作用，在造型艺术中是塑造灵魂的手段。线有曲、直、粗、细各种样式，线的不同形象可给人以心理暗示，具有某种如界定、动感、运动势能的象征意义。

在造型设计上，物体的面和体都可以用线表现出来，线的曲、直运动和空间构成都能表现出预想的家具形态，并助力家具的气势与力度，表达出流畅和灵动的设计美感。

1. 线条的种类

线是构成物体轮廓的基本要素。线的形状可以分为直线系和曲线系两大体系，二者的结合共同构成造型形象的基础要素。直线包括垂直线、水平线、斜线。曲线包括几何曲线和自由曲线。几何曲线有弧线、抛物线、双曲线、螺旋线等，自由曲线有C形、S形和涡形等。

2. 线条给人的感受

线的表情特征主要因线型的长短、粗细、状态和动势等的各异而有所不同，给人以视觉心理上的不同感觉，并被赋予各种个性。

（1）直线给人的感受。一般有严格、单纯、富有逻辑性的阳刚有力之感（图6-12）。

①垂直线：具有上升、严肃、高耸、端正及支持感，在家具设计中着力强调的垂直线条能产生进取、庄重、超越感。

②水平线：具有左右扩展、开阔、平静、安定感。因此，可以说水平线是一切造型的基础线。在家具造型上，利用水平线可划分立面，并可提示家具与地面之间的关系。

③斜线：具有散射、突破、运动、变化及不安定感。在家具设计中应谨慎合理地使用，能产生静中有动、变化而又统一的效果。

（2）曲线给人的感受。曲线具有优雅、愉悦、柔和而富有变化的感觉，很多情况下用来比喻女性的体形，如丰满、

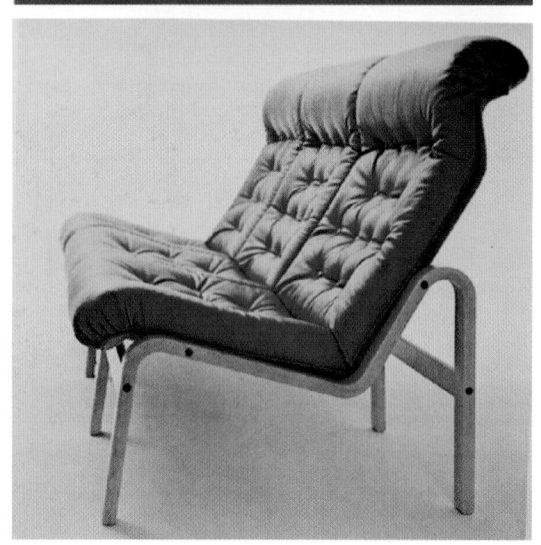

圆润的特点等。通常也会引起人们关于自然界景色如流水、彩云等的联想。曲线因其长短、粗细、形态的不同而给人以不同的感觉(图6-13、图6-14)。

①几何曲线：给人以理智、明快之感。

②弧线：是圆周上的任意一段。圆弧线有充实饱满之感，而椭圆体还有柔软之感。

③抛物线：顾名思义就是抛出的物体在空中的轨迹，它有流线型的速度之感。

④螺旋曲线：有等差和等比两种，是最富于美感和趣味的曲线，具有渐变的韵律感。大自然中的鹦鹉螺就是由渐变的螺旋曲线与涡形曲线结合构造的。

⑤自由曲线：有奔放、自由、丰富、华丽之感。自由曲线形态的家具设计动感十足（图6-15）。

在建筑和家具风格的演变过程中，西班牙高迪的有机建筑、意大利索耐特的曲木椅、芬兰阿尔托的热弯胶椅、美国沙利宁的有机家具等都是曲线造型在家具应用中的成功典范（图6-16）。

3. 线条在家具设计中的应用

线条构成造型的家具总括起来有三种：第一种为纯直线构成的家具，第二种为纯曲线构成的家具，第三种为直线与曲线结合构成的家具。家具设计师运用的线条决定着家具的造型形态，不同的线条构成了千变万化的家具造型式样和风格（图6-17）。

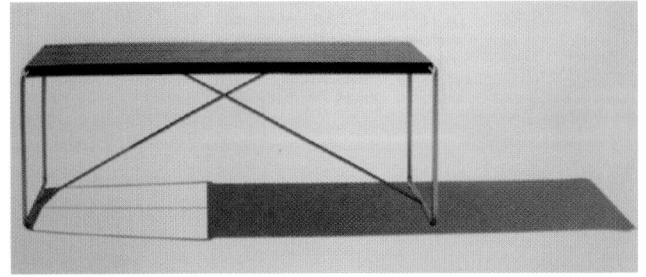

图6-12 运用有力度的直线设计的家具

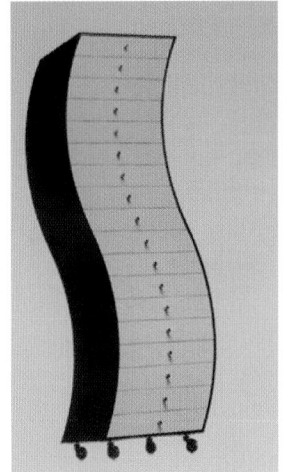

图6-13 由直线与曲线构成的几何形

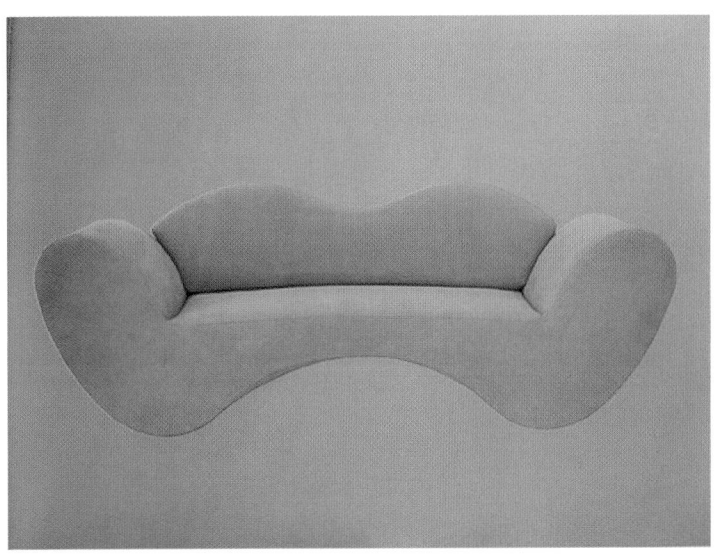

图6-14 采用S形曲线的设计的人体形家具

图6-15 自由曲线的办公家具和休息椅设计

图6-16 高迪设计的由曲线构成的如梦似幻的有机形态建筑

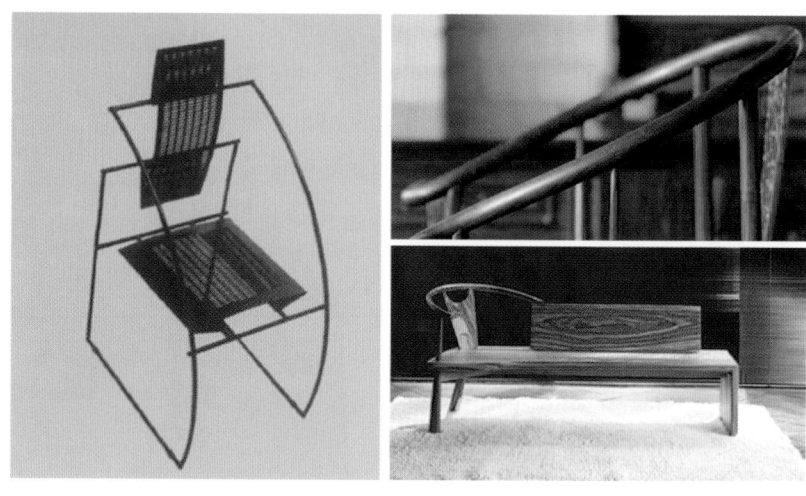

图6-17 直线与曲线相结合的家具设计，给人以动感和活力的感受

（三）面

面可看成是由无数点的聚集组合而成或由无数根线排列形成，具有二维空间（长度和宽度）的特点（图6-18）。面，如同用一根根铅笔整齐均匀地排列而成（图6-19），异形的面就像折扇打开的过程。在造型学中，面可分为两类，即直面与曲面，直面有垂直面、水平面与斜面；曲面在设计实践中可分为几何曲面（球形曲面和柱形曲面）与自由曲面（图6-20至图6-21）。

不同形状的面具有不同的情感特征。正方形、正三角形、圆形具有简洁、明确、秩序的美感。多面形是一种不确定的平面形，边越多

图6-18 面是由无数个点的聚集组合或由无数根线的排列而成

图6-19 用多根铅笔的直线排列扩展而形成面的形态

图6-20 柱形曲面造型和柱形曲面示意图　　　　　　　　　　　　　　　　图6-21 自由形曲面造型的家具

图6-22 采用面构成手法的家具设计

越接近曲面。曲面具有温和、柔软、亲切的感觉和动感，家具中的软体家具和壳体家具多用曲面进行设计。除面的形状之外，家具中的面在材质、肌理、颜色方面还具有特性，在视觉、触觉上产生不同的感觉以及声学的特征。

面是家具造型设计中的重要构成因素，所有的人造板材都是面的形态，只因有了面的围合，家具才具有实用的功能并构成形体。在家具造型设计中，我们可以灵活恰当运用各种不同形状的面，搭配不同方向的组合，以构成不同风格、不同样式的丰富多彩的家具造型（图 6-22、图 6-23）。

（四）体

按几何学定义，体是面移动的轨迹，面的定向运动生成体。体是由面围合起来所构成的三维空间（具有高度、深度及宽度）。如整齐紧密排列的扑克牌可形成立方体。体也可以理解为由不同曲直形状的面围合而成。在生活中任何一种复杂的形体、形态都可以由立方体、球体及其组合关系去理解和分析。

体有几何形体和非几何形体两大类。几何体有正方体、长方体、圆柱体、棱锥体、球体等形体；非几何体一般指一切不规则的形体（图 6-24）。

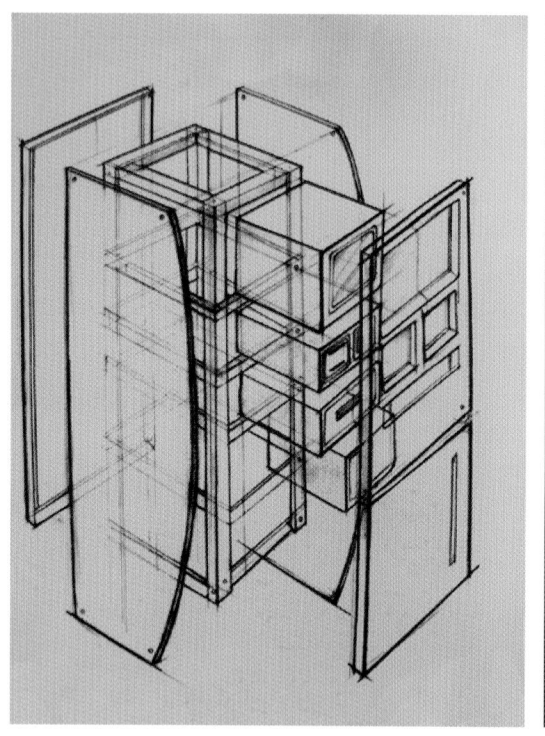

图6-23 用不同形状的面、板组合构成的家具

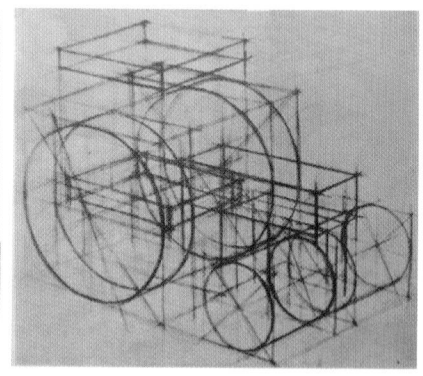

图6-24 多种几何体

在家具造型设计中，正方体和长方体是用得最广的形体，如桌、椅、凳、柜等。在家具形体中有实体和虚体之分。实体是由体块直接构成实空间，给人以厚重、稳固、封闭的感受。虚体是由面及线材所围合的虚空间，使人感到通透、轻快、空灵而具透明感。在家具设计中要充分注意虚、实空间的处理给造型带来的变化。家具造型多是利用各种不同形状的立体组合构成复合的形体，综合运用凹凸、虚实、光影、开合等手法，搭配出变幻万千的家具造型。体是家具造型最基本的手法，在设计中应结合不同材质肌理、色彩等要素进行综合运用。体的运用可以体现家具的体量感，是体现家具设计师造型设计基本功的有效手段（图6-25、图6-26）。

图6-25 意大利不同体块构成的家具设计

图6-26 不同体块组合的家具

三、家具造型的形式美法则

家具是艺术与技术结合的产物，一件上好的家具必定有深厚的精神文化内涵。家具之美的要素与造型艺术相近，它们都有着共通的美的规律可循。建筑、室内设计及绘画与家具等艺术设计在对时尚美感的终极追求上并无根本的不同，在创作的形式美的构成要素上也有共通的法则。所谓形式美的法则，是人们从对自然美和艺术美的概括中提炼出的规律、方法，它适用于普遍的艺术创造。同理，设计美的家具也是如此，必须掌握艺术造型的形式美的基本法则。但需强调的是，家具造型的形式美法则具有民族地域性和社会性，有自己的个性特点，并受到功能、材料、结构、工艺等因素的制约。每一位家具设计师都应将形式美的设计法则与自我的独特经验相结合，创造性地加以灵活运用。

家具造型设计的形式美法则有统一与变化、对称与平衡、比例与尺度、节奏与韵律、模拟与仿生等内容。

（一）统一与变化

统一与变化是适用于各种艺术创造的一个普遍法则，是自然界客观存在的对立统一的普遍规律，是宇宙中的根本法则，它揭示了事物运动、变化、发展的根本原因，也涵盖了设计形式美的基本法则。

统一与变化是矛盾的两个方面，它们既互相排斥又互相依存。统一是在家具设计中追求整体和谐，形成主要基调与风格，体现了各个部分的共性或整体联系。变化是在整体造型元素中寻找差异性，使家具造型更加生动、鲜明、富于趣味性。统一是前提，变化是在统一中求变化。这一法则在设计与艺术创造中被广泛运用，在艺术设计美的创造中起着指导作用。

1. 统一

在家具造型设计中，主要运用协调、主从、呼应等手段来达到统一的效果。

（1）协调有运用家具造型的线条如直线、曲线等达到造型线的协调，运用家具的各部件形相似或相同等达到形的协调，运用色彩的纯度、色相、明度的相似及材质肌理的调和达到协调。

（2）主从是运用家具中次要部位对主要部位的从属关系来烘托主要部分，突出主体，形成统一感。

（3）呼应是家具中的关联设计关系，主要体现在线条、构件和细部装饰上的关联呼应。在需要时，可运用相同或相似的线条、构件在造型中重复出现，以取得整体的联系和呼应。

2. 变化

变化是在不破坏统一的基础上，强调家具造型中部分的差异，求得造型的丰富多变。

家具在空间、形状、线条、色彩、材质等各方面都存在差异，恰当地利用这些差异，就能在整体风格的统一中求变化。变化在家具造型设计中的具体应用主要体现在对比方面，几乎所有的造型要素都存在着对比因素。

（1）线条的变化：长与短、曲与直、粗与细、横与竖。

（2）形状的变化：大与小、方与圆、宽与窄、凹与凸。

（3）色彩的变化：冷与暖、明与暗、灰与纯。

（4）肌理的变化：光滑与粗糙、透明与不透明、柔软与坚硬。

（5）形体的变化:开与闭、疏与密、虚与实、大与小、轻与重。

（6）方向的变化：高与低、垂直与水平、垂直与倾斜。

一个理想的家具造型设计,整体上都会体现造型上的对比与和谐。在设计实务中,为达到完美的造型效果,许多的要素是组合在一起综合应用的(图6-27)。

（二）对称与平衡

对称与平衡是自然物象的美学原则之一。对称是指图形或物体在形状、大小、长短或排列等方面都等形、等量,具有一一对应的关系。如人体左右两边在外观和视觉上都是对称的。对称能给人以庄重、严肃、规整、条理、大方、稳定等美感,富有静态和条理之美。平衡具有生动、活泼、变化的效果。人体、动物、植物形态都呈现这一对称与平衡的原则。家具的造型也应遵循这一原则,以适应人们视觉心理的需求。对称与平衡的形式美法则是动力与重心两者矛盾的统一所产生的形态。对称与平衡的形式美,通常是以等形不等量或等量不等形的状态,依中轴或依支点的形式出现（图6-28）。

1. 对称的家具

在家具造型上最普通的手法就是对称形式的安排,对称的形式很多,在家具造型中常用的有以下两类:

（1）对称的家具：最简单的对称形式,它是基于几何图形两半相互反照的对称,是同形、同量、同色的绝对对称。

（2）相对对称的家具：对称轴线两侧物体外形、尺寸相同,但内部分割、色彩、材质肌理有所不同。相对对称有时没有明显的对称轴线。

2. 平衡的家具

由于家具的功能多样,在造型上不可能都用对称的手法表现,所以,平衡也是家具造型常用的手法。平衡是指造型中心轴的两侧形式在外形、尺寸上不同,但它们在视觉和心理上感觉平衡。在家具造型中采用平衡的设计手法,可以使家具造型具有更多的可变性、灵活性及富于情趣,可弥补对称形式单调和呆板的缺陷。

（三）比例与尺度

比例与尺度是构成物体完美和谐的数理美感规律。所有造型艺术都有二维或三维的比例与尺度的度量。我们将家具各方向度量之间的关系及家具的局部与整体之间形式美的关系称之为比例。将家具与人体尺度、家具与建筑空间尺度、家具整体与部件、家具部件与部件等所形成的特定的尺寸关系称之为尺度。优良的家具设计都有合理的尺度规范。良好的比例与

图6-27 家具造型中的统一与变化

图6-28 家具设计中的对称与均衡

正确的尺度是家具造型形式上完美和谐的基本条件。

1. 比例

比例匀称的造型，能达到优美的视觉效果与完善的功能的统一，是家具形式美的关键因素之一。家具造型的比例包含两方面的内容：

一是家具与家具之间的比例。它需关注建筑空间中家具的整体比例的长、宽、高之间的尺寸关系，体现出家具整体的与容纳空间相协调的高低参差、错落有序的视觉效果。

二是家具整体与局部、局部与部件的比例。它需要关注家具本身的比例关系和彼此之间的尺寸关系。

不论何种家具的设计和制造，都必须具有适当的正确比例关系。这里仅以"黄金分割比例"为例证，阐述完美的比例在造型艺术上的美学价值和应用价值。

黄金分割比例也称为黄金律，是指事物各部分间一定的数学比例关系。黄金分割具有严格的比例性、艺术性、和谐性，蕴藏着丰富的美学价值。应用时一般取 0.618，即将整体一分为二，较大部分与较小部分之比等于整体与较大部分之比，其比值为 1 : 0.618，即长段为全段的 0.618。它被公认是最具有审美意义的比例数字，是最能引起人的美感的比例。凡图形的两段或局部线段与整体线段的比值在 0.618 或近似时，都被认为是较美的比例关系。

这个比例关系自古希腊以来，一直被作为美的比例被广泛应用于建筑、家具、书籍、国旗等设计中（图6-29）。

综上所述，比例是家具设计的基本法则。其中"数"的比率为造型设计中形的分割提供了理性的科学依据，但在实际应用时还须根据家具的功能、材料、结构和所处空间环境作全面分析，灵活应用，不断创造出新的比例关系（图 6-30）。

2. 尺度

尺度是指尺寸与度量的关系，与比例密不可分。在造型设计中，单纯的形式本身不存在尺度，只有在

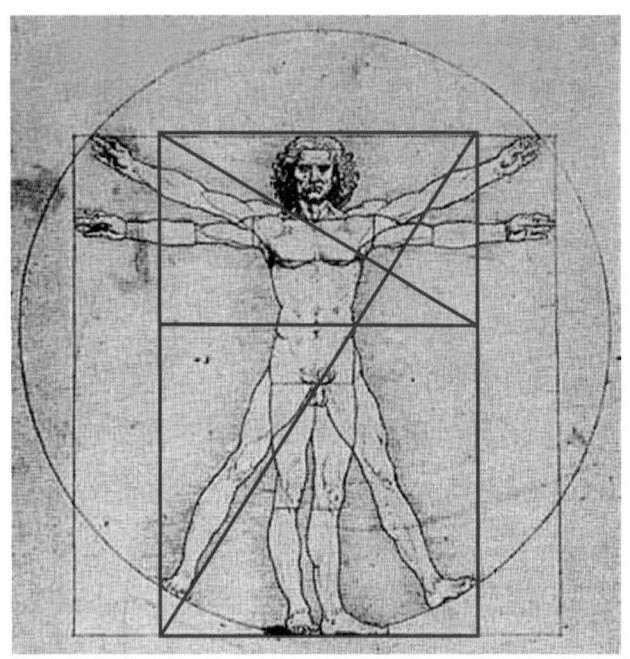

图6-29 黄金分割有严格和谐的美学价值，一直被广泛用于设计之中

导入某种尺度单位的情况下才能产生尺度的感觉。如画一个长方形，它本身没有尺度感，在此长方形中加上某种具有尺度概念的物体，它的尺度感就产生了。如在长方形上画一扇带把手的门，该长方形的尺度感就会被人感知。家具的尺度感与上例相同，例如，家具在所陈设的空间中与其他物体有参照关系时会有较明确的尺度概念。最好的度量单位是人体尺寸，因为家具是以人为本、为人所用的，所以人的尺度是最为人所熟知的。此外，家具与环境、建筑的关系也是家具产生尺度感的重要因素（图6-31）。

（四）节奏与韵律

节奏是有秩序、有规律的连续变化和律动。韵律是构成系统的诸元素形成系统重复的一种属性。节奏强调的是变化的规律性，而韵律显示的是系统的变化和律动美，律动美是音乐和舞蹈美感的主要表现形式，韵律、旋律与和声一起构成音乐表现的三大要素。

节奏与韵律也是自然界常见的现象和美的规律。如鹦鹉螺的漩涡渐变形、松子球的层层变化、水面的涟漪等，都蕴涵着节奏与韵律的美。人们在艺术创作及家具造型设计中也广泛应用节奏与韵律的形式美法则。

节奏美是条理性、重复性、连续性的艺术形式的再现，韵律美则是一种起伏的、渐变的、交错的、有变化有组织的节奏。它们之间的关系是：节奏是韵律的条件，韵律是节奏的深化。

1. 连续韵律

连续韵律是由一个或几个单位，按一定的距离连续重复排列而成。在家具设计中可以利用构件的排列取得连续的韵律感。如椅子的靠背、橱柜的拉手、家具的格栅等（图6-32）。

2. 渐变韵律

在连续重复排列中，对某一元素的形态做有规律的逐渐增长或减少，这样就产生渐变韵律。如在家具造型设计中常见的成组套几或有渐变序列的橱柜（图6-33）。

3. 起伏韵律

将渐变的韵律加以高低起伏的重复，则形成有波

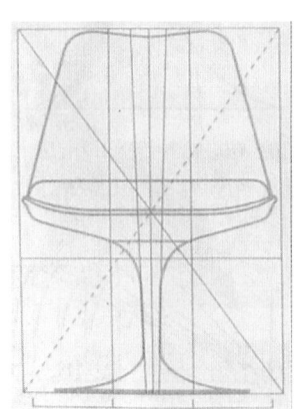 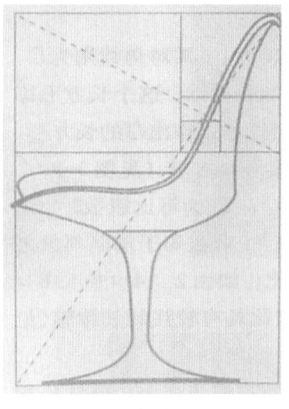

图6-30 现代经典家具的设计比例关系

图6-31 家具设计中的尺度

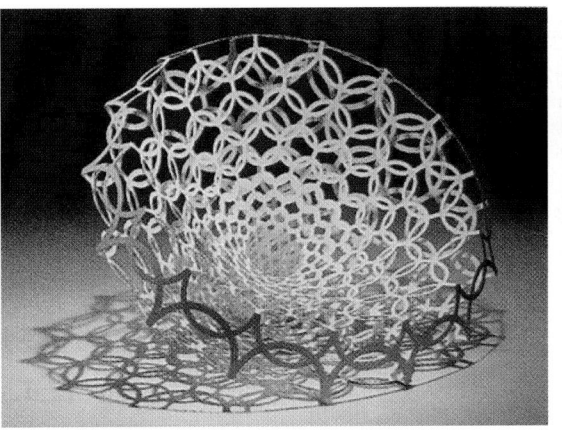

图6-32 连续韵律

图6-33 渐变韵律

浪式起伏的韵律，产生较强的节奏感。在家具造型中，壳体家具有机造型的起伏变化，高低错落的家具排列，家具中的车木构件造型、热压胶板起伏造型，都是起伏韵律手法的应用（图6-34）。

4. 交错韵律

各组成部分连续重复的元素按一定规律相互穿插或交错排列所产生的一种韵律。在家具造型中，源于中国传统家具的博古架、竹藤编织家具及拼花木纹和地板等，均为家具中交错韵律的体现，呈现了家具设计中节奏与韵律的美感。

综上所述，家具中的节奏与韵律的共性是重复与变化，通过起伏重复、渐变重复等的设计变化可强化韵律美感，丰富家具造型，而连续重复和交错重复则强调彼此呼应，加强统一效果（图6-35）。

（五）模拟与仿生

人类早期的艺术造型活动都来源于对自然形态的模仿。大自然中的动物和植物在造型、结构、色彩、纹理上都呈现出天然和谐的美。德国设计大师路易吉·科拉尼认为："自然界本身就是最优秀的设计师，在几乎所有设计中，大自然都赋予了人类最强有力的信息。"大自然永远是设计师取之不尽、用之不竭的创造源泉。许多现代经典的建筑和家具设计都是仿生的创意。如悉尼歌剧院像贝壳又像风帆的造型，澳大利亚设计师马克·纽森的生物形态椅子造型等。在设计运用中，应在遵循人体工程学原则的前提下，通过仿生设计去研究自然界生物系统的优异功能、美的形态、独特结构、色彩肌理等特征，有选择地在家具中运用这些特征。借助自然界的某些形态或原理和特征，结

图6-34 起伏韵律

图6-35 实木拼花地板所呈现的交错韵律

合家具的功能创造性地加以提炼，使家具的样式体现出一定的情感与趣味，可增强形象的生动性与个性，使人产生奇异的联想和情感的共鸣。

1. 模拟

模拟是较为直接地模仿自然形象进行家具造型设计的方法。在家具造型设计中，常见的模拟与联想的造型手法有：

（1）局部造型的模拟。主要出现在家具造型的某些功能构件上，如脚架、扶手、靠板等。

（2）整体造型的模拟。将家具的外形模拟塑造为某一自然形象。有写实模拟和抽象模拟或介于二者之间的手法，一般受家具功能、材料、工艺的限制。抽象模拟是其主要手法。抽象模拟重神似、轻形似，能产生趣味的联想。

（3）用自然形象作装饰的模拟。这种形式多用于儿童家具和娱乐家具（图6-36）。

2. 仿生

仿生设计是从生物学现存形态受到启发用于家具形态与结构的设计，是一种人类与自然协调共生的设计理论。20世纪60年代以来，出现了形式多样的壳体家具和建筑，如用龟壳、贝壳、蛋壳的原型，结合现代制造技术、材料和工艺设计的壳体家具、建筑。现代层压板家具、玻璃钢成型家具、塑料压模家具等都是仿生壳体结构在现代家具上的广泛应用。

模拟仿生的造型手法，方法应是写意性的，要根据功能、材料、工艺、环境恰到好处地运用，确保功能是模拟仿生的前提，不能为仿生而仿生。要把设计看成是手段而不是目的。设计的最终目标是创造符合人们审美需求、造型和功能合理的家具作品（图6-37、图6-38）。

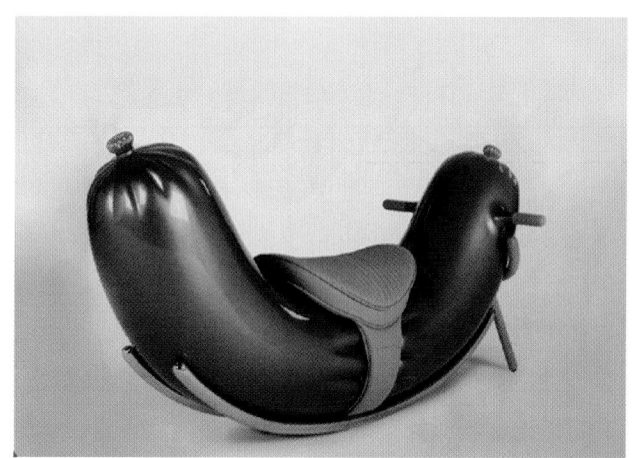
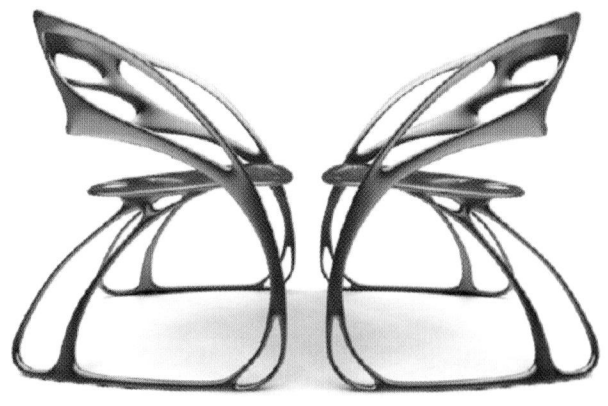

图6-36 多用于娱乐家具的模拟香肠的摇摆椅及蝴蝶椅设计

图6-37 借用荷叶的仿生家具设计

图6-38 仿女性身体造型的不倒翁躺椅

四、家具造型的色彩与材质

众所周知,家具的造型色彩与材质是其在市场上能否吸引消费者的重要因素。一件家具在空间环境中给人的第一印象首先是色彩,其次是形态,最后是材质。色彩与材质在家具上具有极强的表现力,在视觉上和触觉上都能给人以心理与生理上的不同感受与丰富联想。

色彩依形附彩,它依附于材料和造型且在光的作用下才呈现,如各种木材丰富的天然本色与木质肌理,再如鲜艳的塑料、透明的玻璃、闪光的金属、染色的皮革、染织的布艺、多彩的油漆等。一件经过设计的家具,其材质肌理、色彩装饰均传递着视觉与触觉的信息。在现代家具设计中,视觉与心理因素、触觉与生理因素都互为因果关系,是现代家具设计不可缺少的研究内容。

(一)家具的色彩

色相、明度、纯度三要素是色彩学的基础研究内容。这里我们将主要介绍色彩在家具造型中的实际应用问题。家具色彩主要指木材的固有色,家具涂饰的油漆色,人造板材贴面的装饰色,金属、塑料、玻璃的现代工业色彩,及布艺等软家具的色彩,等(图6-39、图6-40)。

1. 木材的固有色彩

作为一种天然材质,木材的本色与环境自然和谐,木材的固有色成为体现天然材质肌理的最好媒介。木材的颜色十分丰富,有的淡雅细腻,有的深沉粗犷。但总体上木材是呈现温馨宜人的暖色调和质感。在家具制作上常用透明的涂饰来保留木材固有色和天然的纹理。木材的固有色是家具恒久不变的主要色彩,受到人们的特别喜爱(图6-41)。

2. 家具的油漆色彩

家具大多需要用油漆进行表面的涂饰。一方面,这是保护家具以免受大气和光照的影响,延长其使用寿命;另一方面,油漆还在色彩上起着美化装饰的作用。

图6-39 色相、明度、纯度是家具色彩涂饰的重要的综合考量因素

图6-40 绒质布艺沙发的色彩和材质呈现了古典、温馨之感

图6-41 淡雅细腻的材质呈现的家具固有色与质感，有接近大自然的亲切感受

家具涂饰油漆分两大类，一类是透明涂饰，另一类是不透明涂饰（图6-42至图6-45）。透明涂饰本身又分两种，一种是显露木材固有色，另一种是经过染色处理改变木材的固有色，但纹理依然可见，还使木材的色调更为一致。不透明涂饰又分亮光和亚光两种漆种。

图6-42 用透明漆涂饰的板材呈现出透明的木纹　　图6-43 水曲柳等木材用透明漆涂饰可呈现美丽的木纹和色泽

图6-44 用不透明的"混"漆涂饰家具，木纹色泽均被　　图6-45 透明和不透明的涂饰家具并列放置，可呈现别样的陈设
　　　　覆盖　　　　　　　　　　　　　　　　　　　　　　效果

3. 人造板贴面的装饰色彩

现代家具制造中人造板材用量大，人造板材的贴面材料色彩成为重要的装饰手段。人造板贴面有高级天然的薄木贴面，也有激光仿真印刷的纸质贴面，应用最多的是PVC防火塑面板贴面。这些人造板贴面对现代家具的色彩及装饰起着不可替代的作用。人造板贴面供选配的成品色彩极其丰富，最大的优点是只需加工贴面而不需调配颜色（图6-46）。

4. 家具用金属、塑料、玻璃的工业色彩

大工业批量化生产的金属、塑料、玻璃等现代家具，展现了现代工艺家具的特色色彩。如金属的多种不同工艺和电镀的技术、不锈钢的抛光工艺、铝合金静电喷涂工艺所产生的独特的金属光泽，塑料中的鲜艳色彩和非金属电镀的仿真效果，玻璃及亚克力制品中的晶莹透明的光色。这些现代工业制造材料的色彩已经成为当代家具的标志性的色彩系列。随着现代家具的部件标准化生产，目前的家具已是木材、金属、塑料、玻璃等不同材料配件的集大成组合，产生了材质肌理、色彩上相互衬托、交映生辉的视觉效果（图6-47至图6-50）。

图6-48 亚克力家具用不透明漆绘制纹饰是装饰手法之一

图6-49 塑料的特性可生成多种鲜艳和微妙的家具颜色

图6-46 仿天然纹理的塑料贴面饰板家具，有色泽匀、耐腐蚀、易清洁的优点

图6-47 用不透明漆涂饰的金属家具，色彩可达到上千种

图6-50 玻璃透明的材质和颜色给人以晶莹剔透的灵动感

5. 软家具的色彩

软家具中的沙发、扶手软椅、软垫床、靠垫等在现代室内空间中占地面积较大，软家具的皮革、布艺等覆面材料的色彩与纹饰在家居环境中起到了决定色调和质感的重要作用。而布艺家具的逐步流行也为软家具增加了流行时尚的色彩（图6-51）。

6. 家具与室内陈设的色彩及整合

除了上述各类家具色彩的应用外，家具的色彩设计还必须考虑家具与室内环境的因素。孤立的一件或一组成套家具不可以决定色彩的系统设计，家具与室内空间环境是一个整体的空间，家具色彩应与室内整体的环境色调和谐统一。家具的色彩与墙面、地面、地毯、窗帘等室内界面都存有如何协调的关系，设计单体或成套家具的色彩必须将家具所处的建筑空间环境的色调因素一并考虑综合设计。

家具在室内陈列中的色彩除应用一定的规律之外，它更多的决定因素是设计者的艺术修养和生活经验的积淀，及其在空间的处理上整合色彩的整体效果的能力，如对家具的整体的色调、组合、错落和软硬质感等的综合把控能力。这些都是设计者的基本功课。室内家居陈设品的种类很多，材质上也有金属、玻璃、陶艺、木质、纤维、塑料等多种，类别也分艺术挂画、工艺陈列品、床上用品、地毯、灯饰等多个大类。这需要设计师能够从色调、风格等方面综合构想，并根据产品的特点来进行创造性的选择和组合。总之，家具的陈设在很大程度上可以讲是对家具艺术设计的再创作（图6-52、图6-53）。

图6-51 软家具主要是沙发、软椅、软垫床等产品

图6-52 中式风格的家具与室内陈设色彩设计

图6-53 古典、现代及欧陆风格家具与室内陈设色彩设计

现代家具与照明设计的结合，特别是家具的内嵌灯光设计已经成为家具设计的一种组合样式。家具与照明设计的结合给人宜人温馨之感，且有渲染、烘托氛围的作用，设计师要考虑的是将照明灯具的造型及光源色彩、照明的投射方向与家具的造型、色彩作统一的设计考量（图6-54）。

7. 家具与流行色

现代家具与现代服装、现代工业产品一样，正在走向"时装化"，同样具有流行时尚趋势。所以要时刻关注当代的家具、时装、产品、建筑设计的最新专业资讯，广泛收集国际国内市场的流行趋势信息，特别是国内外大型设计博览会的家具设计信息，同时关注当代最新科技成果对家具设计与制造的影响，主动向服装、建筑、室内等"姊妹"设计艺术学习，关注家电科技的发展和最新成果，把最新的设计时尚潮流应用到家具设计中，努力创造出具有时代色彩、引导消费潮流的现代家具新产品（图6-55）。

（二）材质与肌理

材质是家具材料表面的三维结构产生的一种质感，是物体表面的肌理。肌理是物质属性在感觉上的反映，它侧重于表面颗粒形态及起伏，而不涉及物质的内在结构。

1. 材质（肌理）的种类

对材质的感受离不开对肌理的认识。肌理的"肌"，是物象的表皮；"理"，是物象表皮的纹理。根据肌理的物理表象可将其分为视觉肌理和触觉肌理。

（1）视觉肌理。主要体现在纹理形状、色彩感觉、光洁度等视觉因素带来的心理反应上。由于日常生活中人们有长时间的质感和材质感受经验，以至不用去碰触，也会在视觉上、心理上感觉到质地的软硬、轻重、细腻与粗糙、有纹理与无纹理、有光与无光的不同，这称为视觉肌理。

（2）触觉肌理。主要通过手摸、碰触得到物体的细腻与粗糙、疏松与坚实、凹与凸、软与硬、舒展与密实及冷热的感觉等触感因素，由此带来的生理感觉称为触觉肌理（图6-56）。

图6-55 具有流行趋向特点的家具色彩设计

图6-54 家具与照明相结合配套的组合设计

图6-56 家具特种涂料和涂装工艺所呈现的色彩和肌理

人们对材质肌理的视觉感受和触觉感受,诸如天然木纹的美丽与温暖,金属、玻璃的坚硬与晶莹冰冷,皮革、布艺的柔软,竹藤编织纹理的亲切等,很敏感,很微妙。但在实际情况中,视觉肌理和触觉肌理的区分并不那么绝对,它们往往共同影响人们对某种肌理的认识。材质肌理是构成现代家具品质和工艺美感的重要因素与表现形式。因此,它在设计师的眼中占有极其重要的位置(图6-57至图6-59)。

不同的材料有不同的材质肌理,即使同一种材料,由于加工方法的不同也会产生不同的质感。为了在家具造型设计中获得不同的艺术效果,在家具设计中可以将不同的材料配合使用,或采用不同的加工方法,

显出不同材质的肌理美,以丰富家具的造型,达到有工艺、有质感且让人易于亲近的家具材质效果。

2. 材质的应用

科技进步为现代家具业带来了丰富的制造材料和制造工艺,为现代家具提高品质和增添表现力创造了非常好的条件。设计师对家具材质和肌理的应用一般遵循两种途径:

(1)尊重材料自身的质感。如木材、石材、金属、竹藤、玻璃、塑料、皮革、布艺等,利用其材质本身如长度、强度、品性、肌理上的差异性,在家具设计中进行组合设计,搭配应用(图6-60)。

(2)对同一种材料的不同加工处理,可以得到不同的肌理质感。如对木材采用不同的切削加工,可以得到不同的木纹肌理效果(如图6-61);对石材和玻璃的不同加工方法,可以取得镜面与亚光、斧剁和喷砂、浮雕和刻画等不同的艺术加工效果;对竹藤采用不同的穿插经纬编织工艺可得到千变的编织图案;等等。

根据上述两方面的材质工艺处理方法,在家具造型设计中,充分发挥材质的天然美和挖掘强化材质的工艺美是现代家具设计一种有很高性价比的重要手法,尤其体现在恰如其分地运用材料进行质地肌理的整合

图6-57 水曲柳拼花木所呈现出的不同视觉和色彩肌理效果

图6-58意大利细腻的藤编织椅所呈现的肌理和质感

图6-59金丝楠木材质及肌理给人以高贵的材质感受

图6-60 用不同材料进行组合设计和搭配应用，有质感互补的视觉效果

及通过组合运用对比的手法上。这是家具设计师的功底所在。在这方面，有许多大师的经典作品都获得了极大的成功。从可持续发展和家具设计的趋势来看，尽可能保持家具材料的自然美和体现包括现代人造材料在内的各种材料的质地美，是提升现代家具艺术性和时代性特色的专业化的有效途径。

图6-61 中国古典家具中对同一种材料的不同加工处理

课程设计

　　此部分的学习是使学生掌握家具设计的基础知识，了解现代家具的不同类型和家具造型设计的基本要素，熟知美学法则形式美的基本内容，在学习中将家具造型设计与相关基础课程的知识点结合起来，使学生认识到家居设计造型能力的培养，是一个艰苦学习和积累的过程。

课程建议

　　家具造型设计理论讲授和分析应与实际操作体验相结合，使抽象的设计法则及美学观念转化为切身体会。建议在课堂中运用诸如统一、变化等形式美的法则和方法，布置简、繁不同造型的家具样式进行造型设计练习。

7

第七部分
家具创新设计与方法

JIAJU CHUANGXIN SHEJI YU FANGFA

一、家具产品创新设计的概念

家具产品的创新设计的目的是为了满足人们对功能与审美功能需求的提升。创新必须从改变产品概念开始。家具产品创新是指提供具有新的功能、新的结构或新的特征及独特组合的家具，创新使得原产品的内涵和外延得以延伸和发展。具体落实到技术层面，是运用新技术、新材料，产生新功能、新结构、新形式的家具产品设计。此外，它还有新的营销传播模式效应。从以上角度来讲，新的家具产品定位，应是改变消费者对原有家具产品的部分概念、功能及物质功效的认知。只有获得新的概念认知，才能称得上是新产品的原创性设计（图7-1、图7-2）。

（一）独立原创性的新型产品

狭义地讲，家具新产品是首次在市场亮相的产品。而广义的新产品，是在工作原理、技术性能、结构形式、材料选择以及使用功能等方面，有一项或几项与原有产品有本质区别或显著差异的产品。

举例来说，从工业化大规模生产以来，在现代家具中出现的胶合弯曲木家具、塑料家具、玻璃纤维整体家具、充气或充水家具等，均属独创性家具（图7-3）。

（二）外形有所改变的新产品

一些家具经过经久的市场磨合与沉淀，其质量与结构处于基本稳定的状态，但为了赢得市场，迎合时尚，让消费者保持新鲜感，就需对原有的家具进行改变形象的设计。如同各地每年盛大的车展上亮相的新车型一样，家具设计在它的造型、色彩、质感肌理、装饰方法或其组合方式上的不同，使产品外观发生显著改变，即属外形有所改变的新产品设计（图7-4至图7-6）。

（三）增添新功能的产品

现存品类的家具设计水准有高有低，有些家具可能在功能、造型及制造工艺方面存在不足，使用上存在不太舒适和不太便利的情况，有的家具有功能增值的

图7-1 汉斯·瓦格纳1986年设计的圆椅

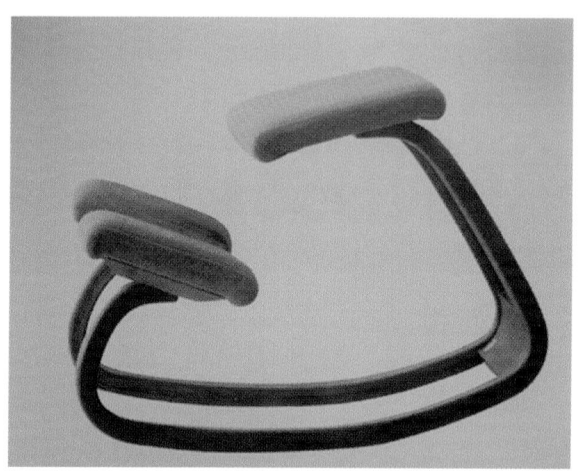

图7-2 挪威彼得·奥布斯威克设计的平衡椅

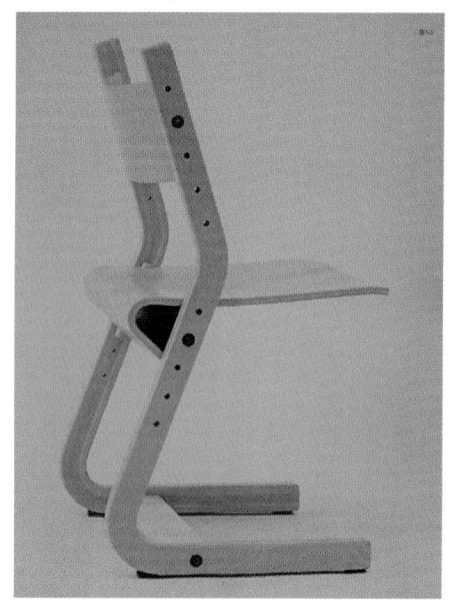

图7-3 北欧多层胶合板弯曲家具

图7-4 沙发造型、结构、材料均有较大的改变

图7-5 以45°倾斜角度贮格设计的书架

潜在空间。对于这些现存品类家具的问题，我们应该冷静地分析辨别，运用人机工程学的原理，结合研究分析消费者的使用情况及居室空间环境，以提升生活品质为原则，将家具功能的不足之处加以调整改进，使它更加适用与完美。例如，家具与电器、音乐播放功能组合；家具增加健身功能；家具附加数码产品配套功能。这些都是创新的一个方向（图7-7、图7-8）。

（四）采用新材料的产品

材料是构成造型形态的物质介质，对造型形象有着直接的作用。家具从传统木器时代发展到金属和高分子时代，塑造了丰富多彩的

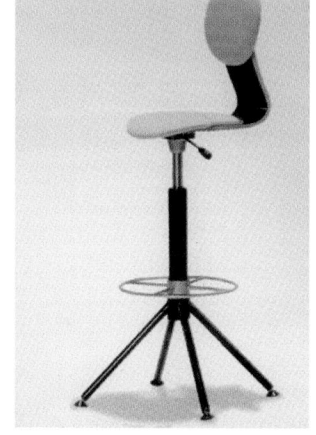

图7-6 突破了传统沙发和高椅造型的坐具设计

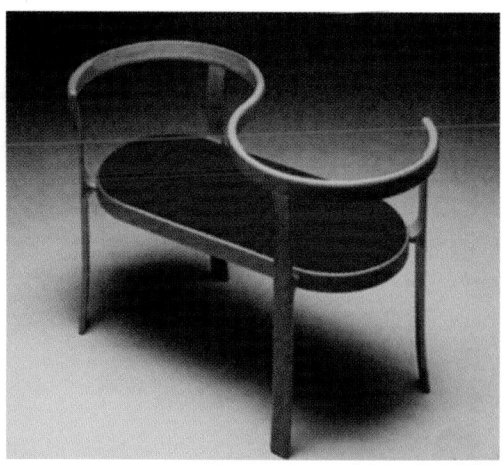

图7-7 家具与灯具功能的组合设计

图7-8 双向双人座椅设计

造型形态。如德国包豪斯开发设计的系列抛光镀铬现代钢管椅，配合柔软牛皮和帆布作椅垫和靠背，造型简洁，功能合理，线条流畅，是非常有代表性的采用新材料的家具产品（图7-9、图7-10）。

图7-9 色彩鲜艳的北欧塑料家具设计　　图7-10 采用亚克力等透明新型材料的家具设计

（五）性能与结构有重大改进的产品

结构与性能是紧密关联的，家具零部件和加工工艺的进步，提高了家具结构的力学强度和连接形式的科学性。如组合多用家具的性能和结构，以及拆装家具的性能和结构，都属于家具产品的改进（图7-11、图7-12）。

由此可见，家具创新产品的定义比较宽泛，在构成家具设计要素中的很多方面均可寻找到设计创新的突破口，如以上的独创新型产品，新的外观、新的功能、新的材料、新的结构等都可称之为家具产品的创新设计。

企业和设计者对于家具产品创新设计的成果，要有自我利益保护的意识。在市场竞争激烈和法律日臻完善、侵权面临追诉的情况下，企业家应有长远的目光，在新家具设计开发阶段就要避免出现侵权和被侵权。首先，应尽量提升创新的含量，即使做不到完全的创新，也要有明显的设计改进。其次，要对新的家具设计分门别类，及时地进行诸如发明、实用新造型及外观设计等的专利申请，并关注其保护的期限。只有法律才能真正地保护自身的利益。最后，还应加快家具新产品投入市场的速度并迅速占领市场份额，因为只有壮大自己才能实现根本的自我保护。

二、家具产品创新设计方法

创新开发新产品是人类社会向前发展和科技进步的必然。从历史发展和经济增长的角度追根溯源，其动因

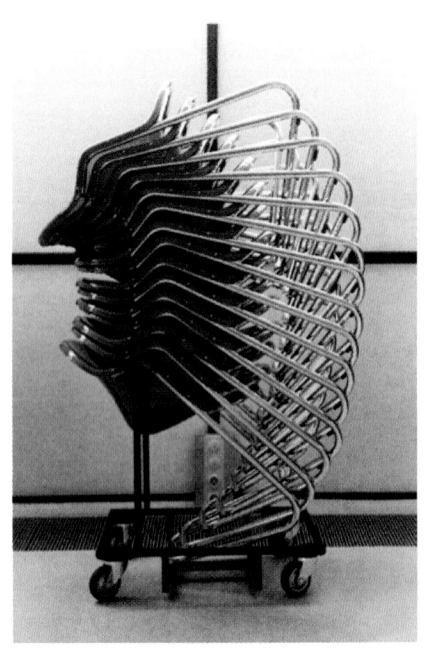 

图7-11 库卡波罗设计的可集中叠放的椅子　　　　图7-12 带轮子的躺椅

应是各领域的种种创新。家具领域的创新也与其他产品创新设计一样，方法很多，但归纳起来有两大类型，即"改良"和"原创"设计。

"改良设计"也称为"二次设计"，是对现有家具产品（陈旧的或存在不足的）进行整体优化和局部改进设计，改进产品的诸如功能、结构、性能、外观、材料、色彩等，使之更趋完善以适应新的市场需求，提升家具的品质与价值。一般说来，改良设计贯穿于某件（套）家具产品从创意构思到营销直至废弃回收的整个生命周期之中。现代产品的设计是一个从不断完善自我的认知过程中，不断地发现问题、解决问题、出现新问题、再解决问题的周而复始的过程。家具设计的创造行为也是在解决问题的过程中否定错误、积累经验的行为。所以在现有家具产品的使用中，新的问题会不断地涌现，需要我们拿出最合适的解决方案加以改进。改良设计由此成为家具企业和设计师的一项经常性的工作，也是应对上述问题的方法之一。在改良设计中，有很多技术性的方法和技巧需要设计者熟知，如家具改良设计中材料的选择，设计师在很大程度上是着眼于设计的艺术和视觉效果，而厂商往往更多的是从如何从改良设计中提高经济效益的层面考虑问题。所以，家具的改良设计除了艺术效果之外，还应考虑被改良的家具产品投产时的材料、模具、零部件加工、结构及部件的连接、表面涂饰形式等成本核算的问题。如对不同家具制作材料，应用改良设计的专业手法，妥善加以组合配置或对材料表面进行再处理，以达到在不增加成本的情况下，给购买者以各种不同的新视觉感受的目标。

"原创设计"，顾名思义即"最初、起始的首创设计"。在产品和家具创新设计层面上，原创的创新行为应以创新的理论依据为指引。何为创新？创新是以新思维、新发明和新表达为特征的概念过程。"原创"主要是指将一种从来没有过的，关于生产要素和生产条件的新组合引入生产关系，并在时间上具有"初始"的性质，本质上可体现出"创造"性。因此，"原创设计"相对"改良设计"是一种创造性的全新设计，它既是首次出现又与其他设计具有显著区别。不具备"初始、

首创"的特点，就不能称其为原创设计。因此，基于商业目的的原创设计占据了设计活动的核心地位，是具有明确目的性和预期结果的创造性活动。可以说，原创设计是设计师创造能力与智慧的最高体现形式（图7-13）。

（一）家具原创设计的特征

家具原创设计具有一般家具设计所具有的共性，但家具的原创设计绝不同于一般的家具设计。家具的原创不仅仅是造型形式的创新，它还应具有人们公认的社会、经济和造型艺术价值。具体说来，家具的原创设计具有下列特征：

1. 原始性

一个在设计师新的设计理念和思想及企业家精神的指引下诞生的设计，意味着资本和智慧完美结合的开始，它必定有着原始创新的基因及创新的冲动。它首次在市场上面世时，往往打上了设计者或创造者思想的烙印，也存在巨大的商业风险。但这种新产品一旦得到市场认可并获得成功的回报，便奠定了企业良好的商业形象和品牌基础，为企业的发展找到了一条突破性的发展路径。这正是企业追求原创设计的动机。如第一套的组合拆装折叠家具、胶合板压合弯曲家具、整体成型塑料家具，再如第一台电视机、第一台电脑等，均属此类的具有原始性的新设计。

原始性设计是产品设计的一个重要类型。它明显的特征是原始创新性和对于某一设计元素使用的"首

图7-13 皮埃尔·保林的"带形椅"原创设计

创"性（图7-14）。

2. 创新性

创新的概念较为宽泛，也有很多的层级，有时创新会很难界定。创新在很大程度上要依靠以前的经验、前人的成果和有效的方法，在这个基础之上进行有突破、有革新、有继承、有发展的优化和重新组合。有些设计师过分求新求异，追求产品和家具创新时力求"语不惊人死不休"，脑子里总是想着如何创造出

"前所未有"的家具作品，以致进入了思维的误区，其最后的结果可能是事与愿违。究其原因，是对创新的认识有偏差，混淆了"创新"与"创造"二者的含义。事实上，创新与创造是两个联系相当紧密的概念，创造是指具有首创性的前所未有的新事物，强调绝对意义上的"新"，有首创权。常与"发明"一词组成"创造发明"。家具设计上具有创造性意义的产品，如首次出现的充水家具、可加热的床、有按摩作用的沙发等均可称为创造性的设计。而创新设计并不强调首创，创新的"新"只是相对的。它强调根据预定的目的和任务，运用一切已知的信息，开展能动的思维和实践。就家具设计而言，创新的结果与新颖、独特及提升有关社会或商业价值的产品品质密切相关（图7-15）。

创新的技能和意识需要在后天的学习和工作中不断地培养强化。只有自身的基础打牢固了，才能在家具的功能、材料、工艺等设计要素方面，做前人没能做过的事情。

（1）判断设计或产品是否具有创新性，可从以下几个方面来衡量：

①具有新的理念和思想引领，在家具的创新设计中得以体现。

②具有新的原理、构思和设计，产品有鲜明的创意实施，明显区别于原有的产品。

③运用了新的材料，使得产品的质感及品质有了显著的改善（图7-16）。

④有了某些新的性能和功能，使得产品在应用上有了显著的功效改善（图7-17）。

图7-14 芬兰约里奥·威汉海蒙"鸟儿"座椅设计

图7-15 朱小杰采用非洲乌金木设计制作的茶几

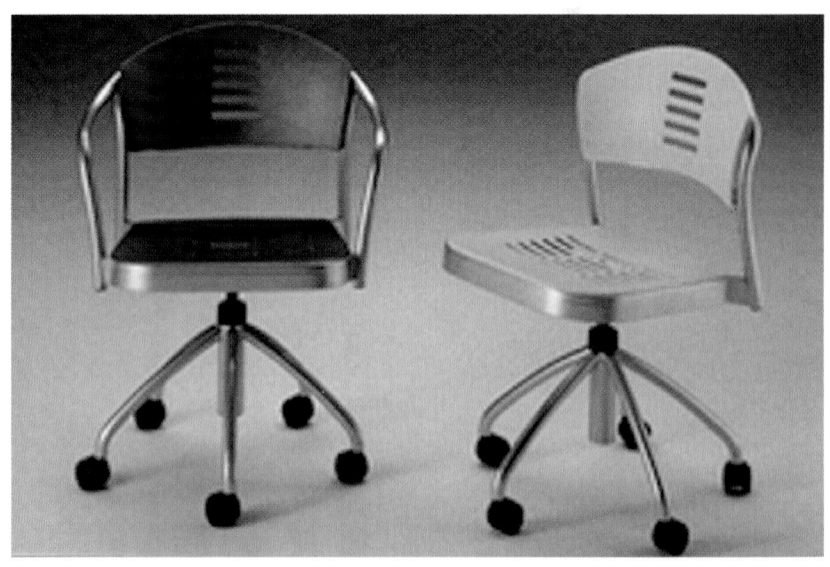

图7-16 亚光金属与塑料结合的转椅设计

140

⑤迎合了新的市场需求，产品在市场上的销量和利润有明显的上升。

要特别指出的是，基于商业价值的产品创新与原有产品相比，最大的改进不一定是在技术升级上，而可能只是提升了在使用中更为便利的设计和创新，或是改善了在实用性能和使用效果上的技术支持性的设计，或是满足了使用者自我实现和社会地位提高的欲望。以上三种情况都可以认定是基于商业价值的产品创新设计。而此类的设计反而是家具企业实际上每天所要面临的量大而面广的设计工作。

（2）按照创新的层级和延展范围，可以将创新分为以下四种：

①完全模仿式的创新。为避免全新产品所带来的商业风险，在保留某产品某些吸引人的特性的基础上，对它进行新的诠释（如新功能、更高的性价比等），并加以宣传和推广。非常典型的例子是中国的自主品牌汽车和战机，其在一个时期内的造型设计几近于完全追踪模仿式的创新设计（图7-18）。

②改进型的产品创新。在原有技术基础上对原有产品进行局部改进，包括增加花色品种和规格型号、提高产品质量、增加产品功能、提高材料利用率、节省能源等方面的创新，接近于改良式的设计创新（图7-19）。

③换代型的产品创新。从本质上说，它仍属于改进型的产品创新，但它是着眼于全局的整体系统性的重大改进（图7-20）。每年汽车展中首发的新车型即

图7-17 沙发与数码等产品结合的创新设计

图7-18 汉斯·瓦格纳创新造型的座椅设计

图7-19 运用独特的榫卯技术进行结构的连接

图7-20 胶合弯曲木搭配黑色椅面，呈现了材料对比的美感

为换代型的产品创新。

④全新型产品创新。采用新的原理、新的思想及理念、新结构、新材料、新技术研制的国内或国外首创的产品。数码相机替代传统的机械相机即为首创的全新型产品创新。

从上面的分析可以看出，产品的创新从其特性来看，可以是"局部创新"，也可以是"全局创新"。"全局创新"无疑属于原创设计，"局部创新"由于具有独特的、与众不同的"从未出现"的意义，也属于原创设计的内容。

3. 先进性

原创设计的先进性决定了该设计为社会普遍接受的大众认知度。社会的不断发展进步使得任何原创的设计都必须站得高看得远，研发和采用先进技术，须具有前瞻性的眼光。能自觉地紧贴社会发展的需求和遵循社会前行的规律，这也是任何设计战略和设计文化都必须要坚守的基本原则。

创新设计的从业者应有先进的科学意识和科学的思维方法，应对现代科技的快速发展保持高度的敏感性，并主动将现代设计与高科技的技术革命成果进行嫁接。原创设计的先进性主要体现在先进的科学技术

上。"科学技术是第一生产力"，科学技术是原创设计的动力，如：互联网和 IT 技术的发展所带来的产品设计的革命，互联网技术的推进将带来家居智能化革命性的变化，微电子技术的发展已使许多"三维"电子产品在形象上平面化，等。这些都是依赖于先进的科学技术所产生的原创设计的强大动力和支撑。

4. 时代性

每个时代都有原创的设计，创造出的成果自然要受那个时期的社会、科学、技术、人文等各种因素的影响。设计应遵循适时的伦理、道德、价值观，应顺应适时的社会主流意识，应采用最新的科技成果等。设计应紧跟时代，与时代同步，原创设计才有生命力（图7-21、图7-22）。

5. 时尚性

时尚，望文生义，是一个时期内人们崇尚和追求的潮流。它代表着新鲜与前卫，它可以是都市夜空下浪漫的酒吧，或是流行歌曲，或是街头的涂鸦。追求时尚是人心理活动的特殊现象，风格多变的家具也是人们追逐的时尚目标。原创设计除了应符合时代性的基本特征之外，还应保持一段较长时间的心理文化的认同期。否则，就可能是昙花一现。一个真正引领时尚的设计是足以称之为原创的设计。如"流线型"交通工具的设计、"喇叭裤"的时装设计、白色"苹果"的通讯产品设计等均属于此种时尚的原创和原创的时尚（图 7-23、图 7-24）。

6. 民族性

原创设计的民族性是运用本民族文化传统及审美意识，并对其体现出的独特的民族气质和精神内涵进

图7-21 有透气性的办公座椅设计，功能新且时尚

图7-22 线条简洁的现代座椅设计

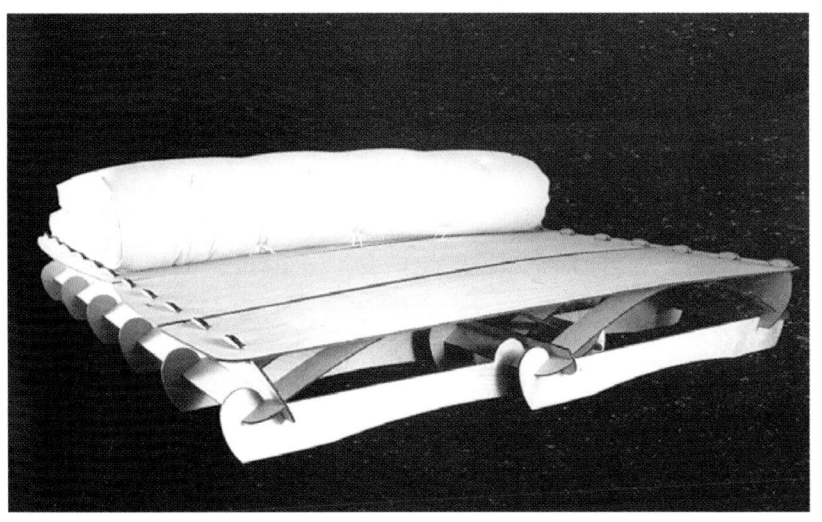

图7-23 利用材料弹性特点成型的卧具及构造

图7-24 利用热压成型工艺制造的家具，
既节能也时尚

行提炼和延展的创作特征。民族性是原创设计产生的人文资源，它的特性决定了原创设计的多元化倾向，原创设计多元性的民族化风貌丰富了当今世界的设计文化，已日益成为共识。每个特定的地域，其民族有特定的文化传统，它是千百年来文化在产生、存在和发展过程中系统性的积淀。民族性在设计策略上也是一种有效的范式，在设计中运用民族性的某些理念和元素形成的设计，可构成这种特定文化的系统展示。如中国设计师在北京奥运会和上海世博会上以中国传统文化元素为主题的设计，创作了令人瞩目的作品，在国际上取得了良好的声誉（图7-25至图7-27）。

7. 国际性

原创设计的国际性是由当今社会国际经济一体化的特征所决定的，一个真正优秀的设计应该是人类和世界文化体系的共同财富。设计语言是跨国界的，能够得到地球村居民的认知和理解。

国际化的设计，应对不同题材的元素进行国际化的设计注释，是使原创设计具有国际性特征的通用途

图7-25 对中国传统家具进行拆分重组的概念家具设计
（邵帆作品）

图7-26 曲院风荷（明式家具解构
重组的概念家具设计）
（邵帆作品）

图7-27 对明式椅进行拆分
重组的现代设计
（许燎源作品）

径。一个题材的设计其构成的元素可能具有明显的地域性，这种地域性的特色和认知是其能否被国际化认可的潜在内因。"只有民族的才是世界的"，这已经成为人们的共识，所以，这些具有民族文化内涵的设计题材和元素的注释方式是至关重要的。如果其注释的方式和手段仍然是有局限性的、局部的，其原创设计的成果必然缺乏国际性和开放性，也不会为大众所领会。因此，利用原创设计的注释语言，使原创设计体现出一个具有国际性和现代性，同时拥有中国文化内涵的优秀创作，是作品的价值和魅力所在（图7-28、图7-29）。

综上所述，在当今国家大力提倡文化软实力的背景下，以上所归纳的原创设计的特征还会有更多的、新的发展所带来的诠释补充。应该说明的是，上述原创设计的特征是各类设计要素的综合考量。因为每一个原创设计的出发点是各不相同的，所以，相关的表述是构成原创设计的充分条件，但不是每一点都是构成原创设计的必要条件。这种综合性的考量更易于为人们所全面理解，也扩展了原创设计的外延和内涵，使得原创设计有了更大的后续发展空间。

（二）家具的创新设计

1. 家具造型的创新

家具的造型起到了直接影响和改变消费者购买倾向的作用，因而家具在造型上的创新成为了创新设计最有效的途径之一。家具的造型设计是一种在具有使用功能的前提下，运用专业手段进行富于变化的创造性的造物规划。造型设计的三要素包括：形态、色彩、肌理。其中，形态是核心，色彩和肌理是依附于形态之上的（图7-30）。

（1）基于形式美原理的形态创新。形式美设计的规律，是最为基础的设计法则，主要是"比例与尺度""统一与变化""对称与均衡""对比与协调""节奏与韵律"等。它们既相互矛盾又相互联系，在相辅相成的有机结合及共同作用的过程中创造美的设计形态的

图7-28 办公家具与数码产品结合的时尚设计

图7-29 "迷幻魅影达利之梦"家具设计制作（崔闽清作品）

图7-30 整体感很萌的造型新颖的座椅设计　　　　　　　　　　　图7-31 具有现代简洁形式美感的家具形态

法则。但在家具形态的创新设计中，形式美的法则也应灵活运用，跳出定式思维，不要被条条框框束缚住，用好、用活法则才能创造出令人耳目一新的家具新形象（图7-31）。

（2）模拟与仿生——源于自然的形态创新。研究发现，生物的功能比任何人工制造的机械都优越，动植物在某些方面的功能实际上远远超越了人类自身在此方面的科技成果。然而家具由于功能上的局限性，在这方面的经典设计很少。自然界的动植物千千万万，在不违反人体工程学原理的前提下，运用模拟与仿生的手法，仿照生物的某些特征，进行创造性构思，设计出符合某种生物学原理与特征的家具，是家具形态

创新设计的一种重要手法。随着仿生技术的发展，家具仿生发明会源源不断地被应用到人类的生活中来。因此，家具设计师要细心地观察自然，关注最新的仿生成果（图7-32、图7-33）。

（3）色彩与肌理的形态创新。色彩学研究成果表明，物体给人的第一印象首先是色彩，其次是形态，最后才是质感。人对色彩的感觉源于物体通过光照产生的丰富而复杂细腻的视觉反应，色彩感受和肌理质感有成千上万种感知的类别，它源自人的生理和心理的需求。色彩和肌理质感在日常生活中能给人们以丰富的联想，不同的人对色彩、肌理质感的喜好是不同的。设计师应知晓它们的形成机制，对这些内容的研究会

图7-32 形态源于昆虫的沙发创新设计　　　　　　　　　　　图7-33 形似河水流涡形态的创新公共座椅设计

145

让设计者受用一生。利用色彩与肌理质感的变化来达到家具造型的创新是众多创新设计技法中看似相对简单的技法，实则需设计者有深厚的专业设计功底做铺垫（图7-34、图7-35）。

2．家具功能的创新

功能是任何实用产品的第一要素和价值所在，产品作为功能实体，其功能就是为人所用、所驱使，为人提供便利（图7-36）。它以作为人造物的基本目标和核心内容而存在。家具的功能随着时代的发展也将有新的释义。当前，从功能方面考虑，进行家具产品创新设计主要有三种途径：

（1）功能的增加。与现有品类家具相比，家具产品在功能上有新的突破，就可称该家具增加了新的使用功能。这类产品的出现就是对人们全新生活方式的一种反映。如有按摩功能的家具即属此类产品（图7-37、图7-38）。

（2）功能的组合。该方法是将各种相关联的功能通过精心构思，巧妙地、有机地组合在一件产品上，使之具备多功能。如将电脑的主机与显示器组合成为一体机的设计。在家具方面，有将穿衣镜和存储柜组合在一起的门厅家具，有将消毒、存储、备餐等多种功能集于一体的多功能橱柜，还有将音乐、托架、照明等与座椅或沙发进行功能组合的家具，它们均属此类产品。多功能在某种程度上来说具有促销作用，但也应指出，功能组合越多，产品越复杂，其设计的整体诉

图7-34 形态、色彩、肌理特性鲜明的家具设计

图7-36 可分隔空间的安装于室内滑轨之上的可移动家具设计

图7-35 意大利米兰家居展上有形式特色、个性色彩的家具设计

图7-37 座椅在原功能上被赋予了新的摇动功能

图7-38 平衡椅赋予人随意悠闲的坐姿，具有减轻疲劳的新功能

求有时难以保证，如规划不周，设计的形式美感将会降低（图7-39、图7-40）。

（3）功能的延伸。即对家具的原有功能进行适当的延伸，以拓展产品的用途。如多功能的便携式家具，既能在起居室使用，也可郊游使用，即属此类产品（图7-41、图7-42）。

3. 家具材料的创新

材料是实现家具形态的物质手段，是功能与技术的载体。选择用材是家具设计中首要考虑的问题之一。材质之美是家具产品设计的品质符号。应摆脱创新从造型方面着手的思维惯性。家具新材料或多种材料的

综合运用也是很好的创新途径。因为新材料的运用必然带来产品结构形式的改变和创新，多种材料的综合运用也必然给外观形式的变化留有空间。现代家具设计通过材料创新达到创新目的的方法有：

（1）传统材料的创新应用。此种创新方法要求设计者在充分认识并了解传统家具用材的性能及其特点的基础上，改变某些产品的一贯用材，而改用其他适合的材料。如具有天然材质美的竹藤家具，可尝试用适宜的金属材料替代原来的竹木骨架，使传统的竹藤家具呈现出现代的时尚气息，这样既保持了原有的材料美，又增强了其牢固度。新材料取代传统材料创新

图7-39 将储衣柜与化妆镜组合成新功能家具的设计

图7-40 三角形座椅与菱形书架、储物架组合的创新设计

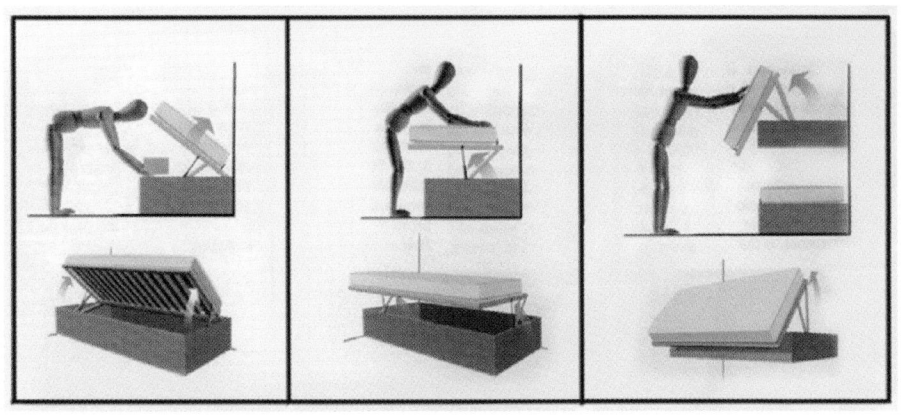

图7-41 单人床可变换空间功能的组合运用

图7-42 购物车功能可延伸转换为休息座椅的功能设计

图7-43 传统家具与现代亚克力材质相结合的创新设计
（邵帆作品）

图7-44 传统藤制材料与现代不锈钢材质结合的创新设计

失败的案例也不少，如不锈钢材质的"明式家具"就未能取得好的成效。其原因在于忽视了明式家具流畅的造型和特殊名贵材质的榫卯结构所形成的视觉肌理质感，而这种质感是不易被认知、替代的。传统材料的创新，其思维关键在于"反置"，即从事物相反的方面考虑。它使人们从固有观念中超脱出来而产生新的构思，如在设计中由硬想到软、由黑想到白、由高光想到亚光、由单色系列想到多彩系列等，由此及彼，可得到许多新的创意（图7-43、图7-44）。

应特别指出，弯曲木与层压薄板在材料发展上是重大的突破。它的意义在于，既节能环保，使用更少的材料制造家具，也使设计师可更多地运用材料自身体现视觉的整体性与流畅性的设计美感（图7-45）。

（2）新材料的应用。即将材料科技的开发新成果适时地用于家具新产品的研发，使传统家具产品呈现出新的外观形象。如木质人造板中的指接板、热压成型胶合板、细木工板等新材料的出现，就带来了很多新式家具如板式家具等创新品种的诞生。现在，欧美家具制造业正在研究将纳米技术应用于橱柜生产。用纳米技术生产的橱柜，污染物无法附着于家具表面，将来人们不需对橱柜进行繁琐而劳累的清洁。由此推想，这类新材料也可用于实验室家具或医疗卫生家具的制造（图7-46）。

4. 家具结构的创新

家具结构创新包含有两种方法：

（1）传统结构形式的移植。如将传统的榫接、焊接、螺钉连接形式进行移植，在不同品类家具之间进行借用和综合运用。又如板式家具五金件接合形式在中国传统家具上的应用，可带来传统家具工业化生产的革命性变化，也因其可拆装而使运输、

图7-45 模压成型制作的家具有质量轻、强度高的优点

图7-46 玻璃材质运用的材料创新座椅设计

流通变得方便，亦可降低成本。家具新的结构创新甚至会引导人们审美趣味的变化（图7-47至图7-49）。

（2）新结构形式的应用。新的结构形式不同于典型的家具结构形式。新结构形式一般都是以新材料、新技术的产生为支撑。起源于北欧的胶合弯曲家具技术，其独特的结构形式即是在新的胶合技术出现后而产生的，强弹力的扁带应用也为家具的造型变化留有空间。很多家具产品都是靠新材料、新技术

的出现为产品结构形式创新提供基础和技术保证的（图7-50、图7-51）。

（三）系列家具的发展与创新

系列家具是相互关联的组合集成及成套的家具，在使用中会发现它在功能上有关联性、独立性、组合性、互换性等特征。系列家具主要有四种基本的形式：成套系列、组合系列、家族系列和单元系列。

图7-49 留有明式家具造型神韵的"大明风"现代家具设计
（崔闽清作品）

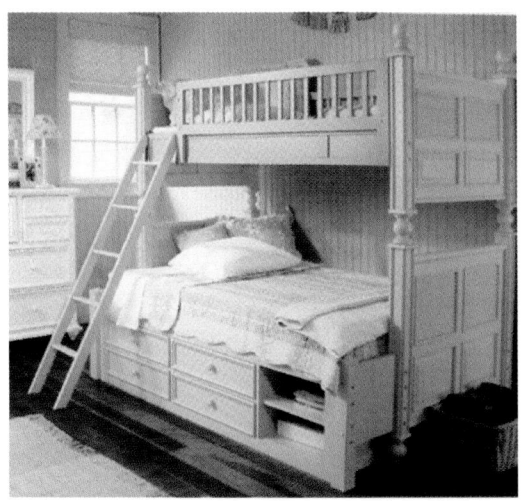

图7-47 利用家具材料特性进行的组合结构家具设计

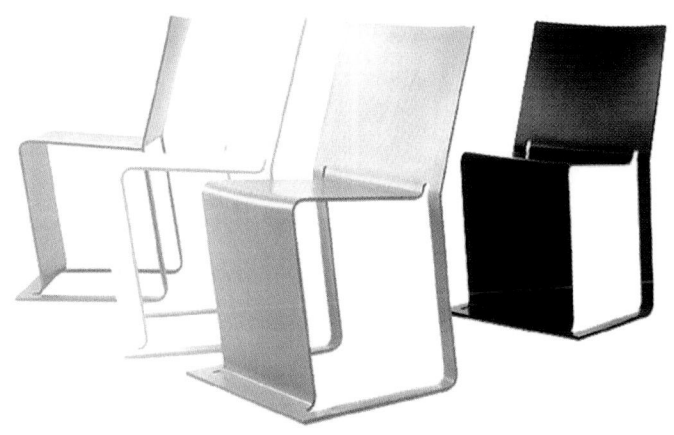

图7-50 金属板材表面经过特殊工艺处理的整体结构家具

图7-48 传统紧固件连接形式与现代玻璃结合的设计

图7-51 不锈钢金属材料与传统榫卯结构相结合的茶几设计

家族系列家具是由功能独立的家具产品构成，它们的功能各不相同。家族系列中的产品不一定要求可互换，它们可能功能相同，只是在形态、色彩、材质、规格上有所不同而已，这和成套系列家具有相似之处。家族系列家具在商业竞争中更能产生品牌效应。随着市场需求加速向个性化、多样化的方向发展，家族系列家具以多变的功能和灵活的组合方式满足了人们的消费需求。面对市场需求的多样化，厂商必然用多品种、小批量的生产方式应对。这是一种柔性化的生产方式，它对解决系列产品的市场需求有非常重要的作用，它巧妙地解决了量产与需求多样化的矛盾。此种灵活的方式还可使家具生产降低成本，因而系列家具设计是目前较为流行的设计趋势（图7-52）。

三、家具产品创新实施

在家具产品创新中，对其"艺术性"和"技术性"的差异和关联性应有充分的认识。家具创新中多学科间的相互交叉、渗透的系统性特性要求设计从业者的知识面要宽广，而家具形态、风格的表现只是家具设计的一个部分。只有将家具产品的形态、风格与对使用者的研究、设计定位及技术应用的探求结合起来，才能拓展设计思路，从更深远的角度去思考创新实施中的问题，从而提高创新实施的能力和质量。

（一）家具市场调研与设计策划

1. 家具市场资讯调查

家具新产品开发，需要进行大量的市场资讯调查，调查内容主要包括市场上家具的供求状况、市场上家具的品种结构及投资情况等。

2. 家具设计策划

策划是系统的周密预测并为其制订合理可行的实施方案，具有前瞻性。设计策划是在市场资讯及自身理念的引导下，为达到企业目标所进行的各种筹划预案的设计。家具企业为了解决产品创新中的技术和营销问题，需要提出新颖的概念和创新的理念，并利用和整合各种资源，制订出具体可行的方案，以实现预期利润目标。

（二）设计创意与设计定位

1. 家具新产品创意

家具新产品设计的创意是一种创造性的智能拓展和智慧劳动，它大多是打破常规，走反传统的叛逆路线。家具新产品创意也是规划新颖和创造性产品的系统工程，是对人的社会生活与家具文化关系的深层次的研究，是临战前情感与理性的思考与碰撞（图7-53至图7-55）。

图7-52 家族化系列家具有个性化及多样性、易记忆的特点

图7-53 运用手、脚一体的巧妙构思设计的创意座椅

图7-54 可产生不同方向斜度的创意沙发椅

图7-55 可调整靠背方向的创意沙发设计

2. 家具创新产品设计定位

家具创新产品的设计定位，是根据其竞争者的产品在市场上的优劣势，以及针对顾客就该类产品特点的关注点与欲开发的新产品亮点的比较所做出的分析判断，目的是为本企业家具产品塑造与众不同的形象和确定相应的风格，并将这种形象有效地传递给顾客，使本企业与其他企业在顾客眼里有明显的区别和差异，从而使家具创新产品在市场上占据最佳的位置。

（三）设计表达与设计深化

1. 初步设计与创意草图

在家具新产品创新开发的初步设计中，用手绘进行创意表现的能力尤为重要，手绘草图灵活便利，是设计战场上的轻骑兵。手绘草图可分为概念草图、提炼草图和结构草图，设计师功力越深，工艺经验越丰富，所创作绘制的家具造型就越完美合理。具备娴熟的创意草图徒手绘制能力是专业设计师的基本技能。一根简练的概念草图线条可以勾勒捕捉到

脑海中一闪即逝的灵感火花，此时图示起到的清晰具象的形象信息表达作用，是用许多文字都难以做到的（图 7-56）。

当然，对创意草图须进行思路的归纳、提炼和修改，集思广益，不断深入和完善，使初步的设计造型形象形成最佳的初步设计方案（图 7-57、图 7-58）。

2. 家具创新设计的深化与细节

家具创新产品开发设计是一个系统化的过程，从

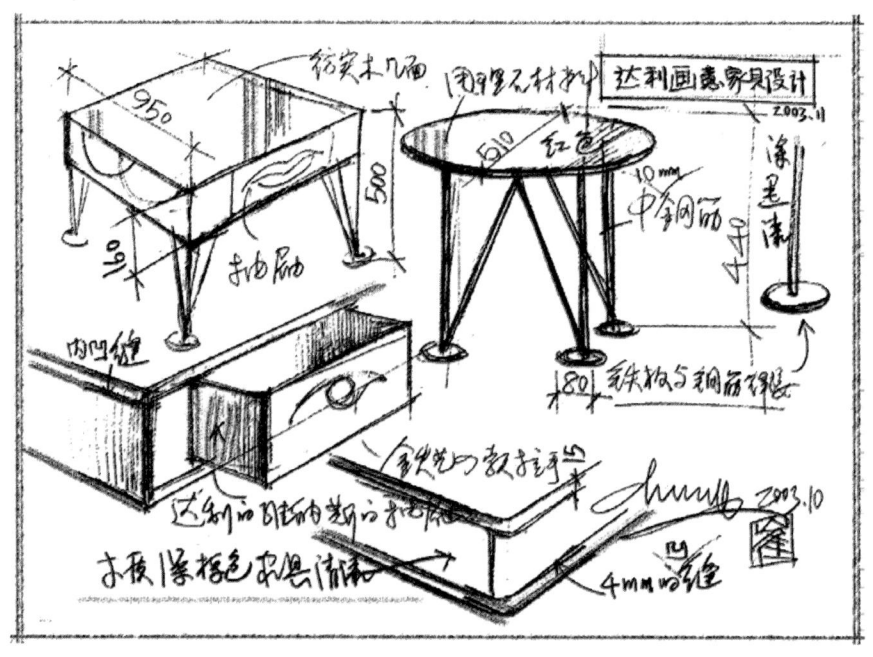

图7-56 "迷幻魅影——达利之梦"家具设计创意草图（崔闽清作品）

图7-57 座椅创意及造型设计草图

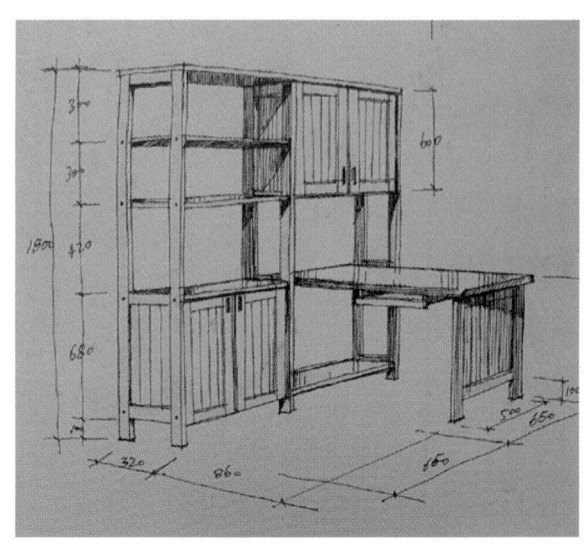

图7-58 表现家具整体形态及尺度的设计草图

最初的概念草图开始，逐步深入到家具的形态结构、材料、色彩等相关因素的整合，直至完善。结合创意设计，此过程须强化辅助视觉的图形语言表达，将创新的家具形象用更完整的三视图和立体透视图的形式绘制出来，最后按比例绘制创新家具造型的形象。创新设计文件还须反映出家具大的结构关系，明确家具各部分所使用的材料等，才算初步完成家具造型设计。在造型、材质、肌理、色彩、装饰等基础元素确定之后，再进行正式的结构设计、零部件设计、结构的分解和剖析。

在家具深化设计与细节研究设计的阶段，应加强与设计委托方的交流，经常去家具生产加工的车间以及家具材料、配件厂商处做实地考察，与上述部门多沟通，使家具深化设计顺利进行（图7-59）。

3. 家具创新设计的三维效果图

创新家具设计的计算机效果图有真实和艺术性地表现设计的功效。家具设计者应研习、掌握相应的设计软件的使用。除了自身的设计水准之外，在效果的高级渲染阶段，设计竞争也相当激烈。只有最高专业水准的表达才能最终呈现出完美的设计方案（图7-60至图7-62）。

4. 模型表达

家具模型制作是家具设计过程的最后阶段，是研究设计、推敲比例、确定结构方式和材料选择与搭配的重要环节。通过制作模型能更准确地选定家具各部件的比例和尺度关系，进一步确认使用的材料和色彩，使其更具有真实感（图7-63）。

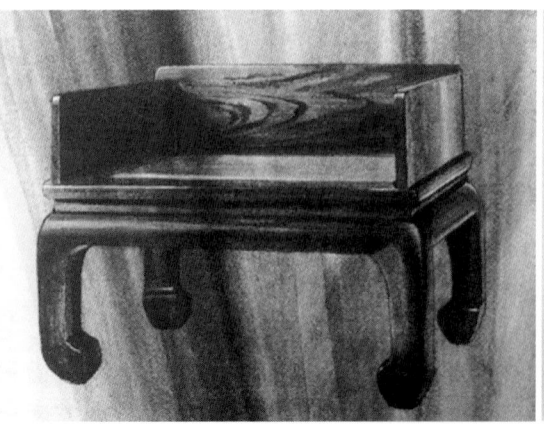

图7-59 家具创新设计草图的深化与细节表达

图7-60 现代明式写字台设计的色彩效果图（黄为作品）

图7-61 现代组合式办公家具设计的色彩效果图

图7-62 马克笔绘制的家具设计效果图（崔闽清作品）

图7-63 汉斯·瓦格纳对椅子设计的模型进行研究

（四）家具市场营销策划

市场营销是企业为顾客提供满意的商品和服务，以实现企业盈利和发展为目标的行为。家具市场营销策划是一个复合型多学科综合应用的知识体系，包括营销地域、对象、产品、企业文化、资讯等研究内容。家具市场营销策划主要研究如何根据市场需求来提供家具商品和服务，其目的在于深入地了解顾客，使家具的产品和服务能很好地适应市场的需要而畅销赢利，最终使自身的家具品牌得到消费者的认可，成功地推向市场。

（五）编制家具新产品开发设计报告

家具新产品开发设计报告是由设计者撰写的，这也是现代家具设计师须具备的基本专业技能之一。它既是开发设计工作走向最终成果的流程和记录，又是进一步提升和完善设计水平的总结性报告，主要内容是全面地介绍新产品开发的设计成果，为下一步产品的生产和推广做准备。

家具新产品开发设计报告的规范要点：

首先，新产品开发设计报告必须有一个清晰的编目结构，将整个设计进程中的每个主要环节定为表述要点，层层推进，要求概念清晰、内容翔实、图文并茂、主题明确、视觉传达形象直观、版式和封面设计与新产品品质及定位相符、装订工整。

其次，报告应将产品开发的核心内容作为编写的要点，并从这些核心内容向外扩展。从设计项目的确定、市场资讯调研与分析、设计定位与项目策划、初步设计草图创意、深化设计细节研究，到效果图与模型制作、生产工艺图等层层推进，最终展现产品开发设计的完整过程（图7-64、图7-65）。

以下是家具新产品设计开发步骤和内容：

步骤一：家具新产品造型设计

1．考虑家具新产品造型设计的类型、风格

2．当前国内外家具产品的主流与时尚趋势

3．家具使用空间对家具比例尺度的制约

4．系列家具产品造型要素的收集与提炼

5．系列产品中各单件产品造型的关系协调

6．手绘家具创意草图表达及计算机三维家具设计表达

步骤二：家具新产品结构设计

1．家具零部件连接的结构设计

2．家具整体装配结构设计

3．家具可拆装结构设计

步骤三：家具新产品细部与情感化设计

1．家具细部与情感化趋势及风格对使用者心理的影响

2．确定家具细部设计部位，进行细部与情感化设计

步骤四：家具新产品材料搭配设计

1．了解家具材料搭配的主流与趋势

2．确定家具材料搭配效果及设计风格，进行材料搭配效果设计

步骤五：家具新产品涂装及缝包、编织等效果设计

1．家具涂装及缝包、编织效果的主流与趋势

2．家具涂装及缝包、编织效果设计

步骤六：编制家具新产品工艺文件

1．绘制家具新产品三视图

2．绘制家具新产品结构图

3．绘制家具新产品零部件图

4．编制家具新产品材料清单

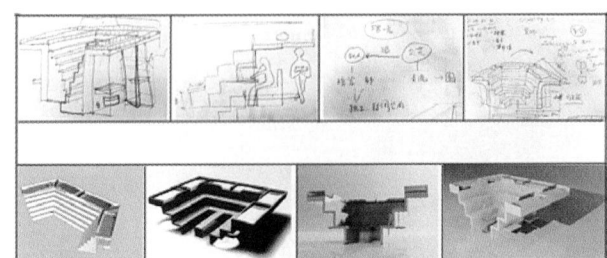

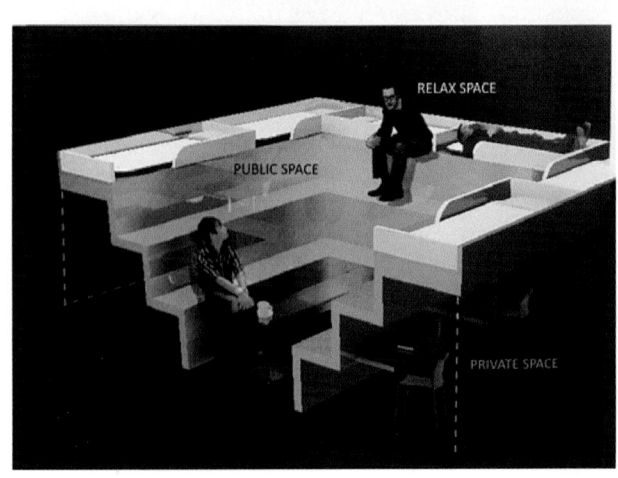

图7-64 开发多层家具空间的创意草图及效果图
（沈曈作品）

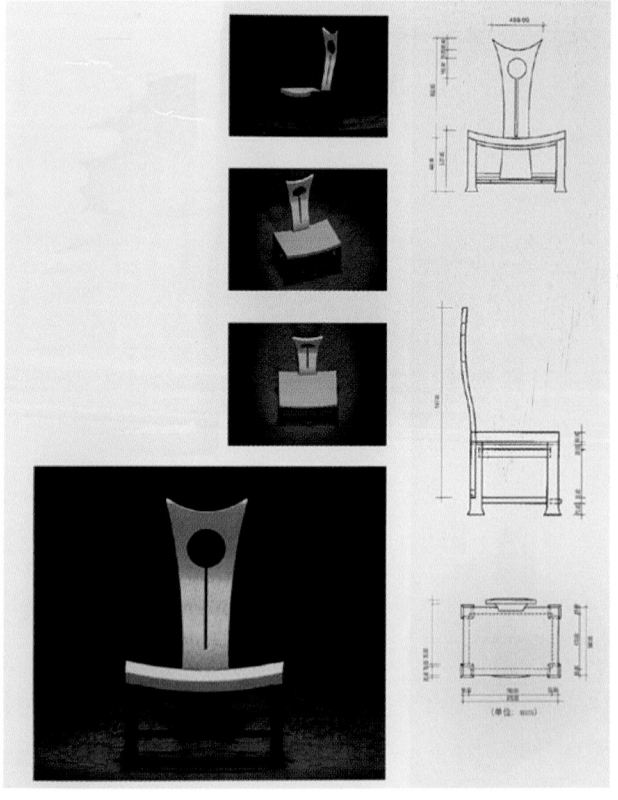

图7-65 明式风格与现代材料结合的设计方案效果图及三视图
（夏岚作品）

5．编制家具新产品的规范工艺文件

步骤七：家具新产品评估与优化设计

1．系列家具新产品开发总结评估

2．根据评估结论完成家具新产品设计方案的优化

3．家具新产品系统的设计报告

家具创新是以人为中心而设计实施的，其目的是创造更加合理、和谐的新型家具形式，使家具的功能更完善，结构更坚固、更安全耐用，以充分适应人们的生理和心理需求。现代社会，家具与人的工作生活关系日益密切，在这个过程中，创新思维所带来的新型现代家具对人们的行为及生活方式、文化观念以及

审美意识有着潜移默化的影响，而创新家具的设计理念及其品位所折射出来的精神作用更是不能小觑。随着社会、经济的快速发展，人们生活目标诉求的不断提升，家具创新设计愈加受到人们的关注。当前，我国正处于朝着人均收入向中等发达国家行列迈进的时期，正身处一个求新思变且讲究品位格调的时尚时代，创新设计和个性的家具正跨进每个家庭的门槛，人们所期盼的饱含科技和人文内涵的家居时代正向大众走来。设计师应不辜负广大民众的期望，担负起消费者所赋予的重任，缔造既有现代品质又有人文内涵的新家居生活，努力创造属于我们自己的新时期家具设计文化。

课程设计

此部分的学习是使学生明确家具新产品的定义并掌握开发设计的基本方法。了解家具的设计开发需要拥有并提升包括市场调研、撰写设计策划书、绘制创意图、计算机三维设计、家具模型制造、制造工艺图纸绘制等在内的综合能力。

课程建议

实施实题或虚题的家具新品开发设计项目，对当地的家具市场、企业、消费者进行市场调研，尝试撰写图文并茂的新产品开发市场调研报告及设计策划书，尝试绘制初步设计方案、创意草图及效果图。建议阅读有关家具设计大赛获奖作品、中外家具新产品设计制作图集、《北欧现代家具》等书籍。

主要参考书目

[1] 彭亮，卢林，彭云. 家具设计与工艺 [M]. 北京：高等教育出版社，2003.

[2] 王立，端谢垚. 家具设计 [M]. 重庆：西南师范大学出版社，2008.

[3] 江寿国，李中扬，杜湖湘. 家具设计基础 [M]. 武汉：武汉大学出版社，2009.

[4] 王逢瑚，赵小矛，牛晓霆. 家具设计 [M]. 北京：科学出版社，2010.

[5] 张力. 室内家具设计 [M]. 北京：中国传媒大学出版社，2007.

[6] 刘育成，李禹. 现代家具设计与实训 [M]. 沈阳：辽宁美术出版社，2009.

[7] 曾坚，朱立珊. 北欧现代家具 [M]. 北京：中国轻工业出版社，2002.